华章IT
HZBOOKS | Information Technology

App Performance Evaluation and Optimization

移动App性能评测与优化

腾讯TMQ专项测试团队实战案例精选

TMQ 专项测试团队 编著

机械工业出版社
China Machine Press

图书在版编目（CIP）数据

移动 App 性能评测与优化 / TMQ 专项测试团队编著 . —北京：机械工业出版社，2016.9
（2016.12 重印）
（实战）

ISBN 978-7-111-54826-3

I. 移…　II. T…　III. 移动终端 – 应用程序 – 程序测试 – 研究　IV. TN929.53

中国版本图书馆 CIP 数据核字（2016）第 213174 号

本书通过六个专题方向介绍腾讯公司移动互联网事业群在移动应用性能评测优化方面的实战经验，涉及内存、电量、流畅度、导航、网络优化和应用安装包瘦身。每个专题都有案例说明，重点在讲述问题解决的思路，以及研究过程中碰到的问题。读者可以通过本书快速了解提升应用核心性能的思路与方法，打造更加优秀的移动应用。主要内容有：第 1 章是内存篇，介绍了各种内存使用情况分析的方法和一些优化技巧。第 2 章是电量篇，从 app 层面到 rom 层面，从硬件测试方法到软件测试方法，结合多个案例从多方面介绍电量测试的切入点和测试方法。第 3 章是流畅度篇，介绍了 Android 流畅度的测试和优化方法。第 4 章是导航篇，介绍了路线规划、语音播报这两个导航中最重要模块的测试方法和经验。第 5 章是网络篇，重点介绍提升上传速度和成功率、产品流量优化。第 6 章是应用安装包瘦身篇，结合一个瘦身实际案例介绍了当前常用的瘦身方法、瘦身工具以及瘦身过程中的技巧。第 7 章是工具篇，介绍腾讯公司开发并开源的测试工具 GT，专门针对移动应用的性能评测与优化，可帮助读者将优化技术真正应用到实际工作中。

移动 App 性能评测与优化

出版发行：机械工业出版社（北京市西城区百万庄大街 22 号　邮政编码：100037）

责任编辑：吴　怡　　责任校对：董纪丽

印　　刷：北京诚信伟业印刷有限公司　　版　　次：2016 年 12 月第 1 版第 2 次印刷

开　　本：186mm × 240mm　1/16　　印　　张：14

书　　号：ISBN 978-7-111-54826-3　　定　　价：59.00 元

凡购本书，如有缺页、倒页、脱页，由本社发行部调换

客服热线：（010）88379426　88361066　　投稿热线：（010）88379604

购书热线：（010）68326294　88379649　68995259　　读者信箱：hzit@hzbook.com

对本书的赞誉

移动互联网正从爆发增长期进入精耕细作期，用户的使用体验无疑是能够给产品带来更强生命力的最关键因素之一。移动 APP 的用户体验，可以归结为内存、电量、流畅度、网络流量等几个具体的关键指标，针对这些关键指标的专项质量保证和评测优化，无疑具有重要的价值。

2014 年夏天，通过公司间质量保证团队的技术交流互访活动，我初次了解到腾讯公司各个事业群质量团队开展移动 APP 专项测试的相关工作，当时即留下了较为深刻的印象。两年后，很高兴看到其中一个优秀团队——腾讯移动互联网事业群的品质中心（TMQ）专项测试团队将他们的实践经验总结出来，付梓成册。

这首先是一本实战派的工程师攻略。不拘泥于教科书般的面面俱到，提供的是针对关键领域的优秀实践经验沉淀；围绕典型案例，提供了可操作性很强的流程和工具解决方案。本书不仅帮助大家解决 What to do 的问题，同时提供 When 和 How 的实践指南，可以成为移动 APP 开发和质量保证工程师的实用手册。

同时，通过本书也能窥见一个优秀质量团队的良好工作方式和习惯。例如，不仅满足于发现问题，而是进一步构建"定位问题→优化产品→持续监控"的质量闭环；再例如，在充分调研并使用第三方工具的基础上，有针对性地设计开发自研工具来提升效率，并通过开源回馈社区。相信关心工程质量体系和质量保证团队建设的 leader 们也会从本书获得启发。

——胡星，百度公司主任测试架构师

在腾讯的体系下，廖叔和他的团队从来都是能够给大家带来惊喜的；惊喜不仅仅来自于这个团队的卓越产出，更来自于很多原创性的突破，《移动 APP 性能评测与优化》一书就是这类惊喜之一。这本书除了较为体系化地介绍了移动应用性能评测与优化的方方面面，在一些单点上也有很多原创性的突破，如电量的硬件测试方案、GT 评测插件等。相信无论是刚入移动测试领域的新手，还是浸淫于此领域多年的老兵，都能给你带来不同的收获。

——李俊，蚂蚁金服技术风险部负责人

在业内参与过诸多移动测试技术相关的分享，TMQ 专项测试团队编写的《移动 App 性能评测与优化》这本书属于其中最精工细作的内容之一。初看并没有惊艳的感觉，中规中矩地覆盖了领域常见的一些技术体系。真正细读，会发现其中的闪光点和良苦用心：不仅仅浮于表面给出方法论或工具使用细节，而是大量解读深入的技术原理与机制，并期望给业务带去质量体验的变化。在日益浮躁的行业中，这是一个能坚持耕耘、钻研技术、抱有更高理想的团队，应当给予掌声！

——钱承君，百度测试架构师

Preface 序

廖叔突然来找我，说要出版一本书，这本书已经整理完成，想让我给作序一下，一看书名《移动 App 性能评测与优化》，好家伙！真有毅力把他们这几年的实践竟然总结出书了。对我来说，这肯定是盛情难却也乐意之极的事情！看着这书的内容时，让我也很感慨，因为整本书的结晶都来自我们腾讯内部一个很“特殊”、很“奇怪”的测试岗位，我们叫“专项技术测试”。初看名称可能不明就里，这个岗位成立于 2010 年初，当时还是 PC/Web 一统互联网时代，初衷是能在测试开展中深钻安全、性能、协议等领域的难题，为研发和质量团队及时输送炮弹。我们内部要求这个岗位要能深入底层，系统全面地理解和掌握操作系统、网络、安全等底层的技术原理，要具备足够扎实和丰富的开发背景及技能，同时还要能自主调研和开发各类测试工具以便更加高效地开展测试工作。进入移动互联网时代后，我们看到当初的“先见之明”为今天内部的测试领域积累了一大批优秀的攻坚性人才，极大地丰富了测试能力和支撑范畴，成为了研发团队极其亲密和信任的战友，甚至于研发团队在版本发布前，没有看到这个团队的测试数据和报告输出，内心会非常忐忑不安。

回顾这 5、6 年的发展历程，特别是近几年移动互联网浪潮席卷之下，专项技术测试已经从当初 PC/Web 的三个定点测试领域扩展到围绕 iOS/Android 下的流畅度 / 卡顿、耗电 /CPU、强弱网络、内存泄露（OOM)、稳定性（Crash)，数据库（SQLite)、I/O、兼容性等多个维度上，涉及的技术要求更深、知识面也要更广，针对性的测试开展难度同时也更高。在这个不断摸索和研究的过程中，专项测试的同仁也许是第一次有机会和研发一起针对更多未知领域组织学习和彼此探讨，掌握产品技术架构，理解各种问题的根因，逼着自己不断加深对操作系统、网络等底层实现的理解和学习，逼着自己熟练使用各种调试工具分析定位原因。这个过程是痛苦且非常快乐的，而团队也是得以在这样的经历中摸索总结出了各方面的测试经验。我们众多脍炙人口的产品，都是内部有严格的前后版本评测，以及和竞品的评测，指标更优后才允许发布，这其中的成果应该当之无愧的有专项测试的功劳。

针对专项测试的组织开展，我们内部在谈论一个专项战略地图建设，概要来说，专项测试的组织开展和未来方向目标，应该从四个层面来梳理和规划：1）第一层（最底层），涉及移动操作系统 iOS/Android、网络协议、安全、数据库，以及相关的开发技术。专项测试的同仁必须得在一个或多个领域具备丰富的理解和掌握，看到一个表象的问题，可以很容易联想到底层实施上可能的困难或问题点，这才能为具体问题定位带来价值和高效。2）第二层，涉及稳定性（Crash）、内存泄露（OOM）、流畅度 / 卡顿、耗电 /CPU、强弱网络、兼容性等多个领域的原理理解，清楚不同领域的起因 / 导因，知道技术实现时的接口调用各种潜在问题，并能借助调试定位工具轻松地排查和问题定位。3）第三层，涉及不同领域的工具开发或改造封装，能针对专项维度的各类问题，设计出自动化工具，更加容易地发现和跟踪到问题。把第二层的理解体系的封装在这些开发出的各种工具里，让工具可以灵活地替代人的眼睛和大脑自动测试和发现各类问题。4）第四层，进一步封装，把各类测试工具能纳入持续集成和自动化测试平台中，实现时刻在自动执行、自动统计分析和问题定位的能力。从纷杂的可能没有任何头绪的问题表象中，借助这个分层的 Map 设计和执行，我相信专项的攻坚将变得非常有针对性和目的性，同时我们也更容易衡量自己当前的进展。

上面谈论了很多专项的建设，这些不同维度的测试开展和性能提升，归根结底还是要落地到实践以及具体的经验总结提炼。这本书我想应该是一本研发和测试都特别需要认真研读的宝贵教材，我用了接近 2 天时间快速通读了一遍，虽然对很多的技术原理和问题定位步骤都是比较熟悉了解的，对很多工具的介绍也看着很亲切，但能结合各种问题 / 案例，抽丝剥茧，不仅清楚透彻地讲出原理，告知跟因，同时还把不同类型的问题提炼出了实施执行的步骤，一步步清晰展示在我们面前，为这个思路和行动必须要唱一曲！ 这本书从内存、电量、流畅度、网络、安装包瘦身以及相关领域的一些工具给予了仔细讲解，思路清晰，有足够的技术深度和实践案例讲解，是测试领域里难得的一本基于优秀实践总结出来的好书！

作为腾讯内部同样从事测试领域的一员，为我们给同行贡献出来的本书鼓掌和致敬！提升自己最好的途径就是积极学习，善于总结，让自己少走弯路，我想同样作为同仁的你们，应该来阅读这本书，也要认真地来学习这本书！

吴凯华

腾讯社交网络质量部副总经理，

腾讯质量管理通道分会会长

2016 年 6 月 29 日

前　　言 *Preface*

写作背景

当前移动设备越来越多地涌现在我们日常生活中，像网络购物、充值缴费、新闻资讯、理财、团购、车辆保养等都可以通过移动设备来搞定。通过移动设备可以帮助人们更便捷高效地完成很多事，同时越来越多的需求也希望能通过移动设备来完成，这样也催生了很多工作机会，让 IT 技术人员能开发更多的 App 来满足不同用户的不同需求。相对于传统 PC，移动设备有其自身的特点，如屏幕小、移动网络复杂且需要收费、电量有限等。因此，在完成用户一系列需求的背后，我们也面临一系列的问题。比如说，如何能保证开发的 App 内存开销低？如何保证 App 在功能不变的情况下足够省电？如何做到页面滑动流畅顺滑？如何保证网络开销尽可能的低？等等。

上面一系列的问题，我们都曾经遇到过，写这本书的目的也是希望能将我们团队在“如何开发高性能质量 App”上探索的经验和成果分享给读者，将我们在团队中碰到的真实案例总结出来，给做移动互联网应用的研发团队，包括测试团队，提供参考。

在我们团队的工作过程中，经常会碰到上面的问题，刚开始是和有研究探索过的前辈交流，再自己不断地实践、升华、提炼。后面也出现其他团队的人来咨询交流，再者，团队内部人员也会不断地流动，新人的加入，也需要资深的同事将积累的经验提供给新人不断学习。这样，出于以上各种原因，越来越觉得很有必要将团队近几年在移动互联网应用开发中，如何进行评测调优的实践经验总结出来。先是内部收集大家手上案例并沉淀，发现大家负责的专题都不一样，虽然零散但都很有价值，因此萌生了写书的念头。正好可以借写书将我们做过的优秀案例梳理总结出来，包括其中走过的弯路，踩过的坑都展现给大家。

本书内容

我们将日常工作中优化的案例按不同的纬度划分总结，总计有六个专题方向和最后一个自研的随身调测工具 GT。六个专题研究方向分别是：内存、电量、流畅度、导航、网络优化和应用安装包瘦身。每个专题对应一章的内容，通篇都有案例说明，重点在讲述问题解决的思路，以及过程中碰到的问题，同时也介绍了移动应用测试的方法等。下面针对每个章节做一下基本的介绍，读者可以通过介绍了解该章讲述的基本内容。

第 1 章是内存篇，介绍了各种内存使用情况分析的方法和一些优化技巧。使读者能够准确地了解应用内存的消耗情况，找出存在的内存问题，并在开发过程中尽量节约使用内存。

第 2 章是电量篇，本章从 app 层面到 rom 层面，从硬件测试方法到软件测试方法，结合多个案例从多方面介绍电量测试的切入点和测试方法以及测试原理。介绍了基本的硬件测试方法；介绍了 GT、PowerStat、Battery Historian 等软件测试方法；以及一种通过大数据去分析用户异常耗电场进而景制定优化策略的测试思路；总结了一些在功耗测试中的优化经验。

第 3 章是流畅度篇，介绍了 android 流畅度的测试和优化方法。一开始先介绍评测 APP 流畅度的方法，结合我们实际的测试经验，阐述 FPS 在流畅度测试中的不足之处，然后针对 FPS 的不足，讨论我们如何对测试方法进行改进，从而使得我们的测试方法能够准确地反映出当前 APP 的流畅度情况。接着结合具体的案例，阐述我们如何对 Android APP 的流畅度进行测试以及优化。最后总结我们在实践中的流畅度优化方法，这些方法针对 Android 大部分的 APP 都具有通用性。

第 4 章是导航篇，介绍了路线规划，语音播报这两个导航中最重要模块的测试方法和经验。导航类评测的难点在于，case 无穷尽；单看自家产品的结果很难给出优劣的评价；人工评测费时费力，达不到足够的量。我们通过后台日志筛选了用户访问量大的 case，作为评测的 case，以有限的量尽可能覆盖更多的用户。利用多个产品进行对比，更容易发现产品的好坏。我们还提出了几种自动化评测的方案，提高了评测效率，也提升了评测的量。

第 5 章是网络篇，重点介绍了我们团队网络优化的两个案例。一个是提升上传速度和成功率的“鱼翅项目”，重点讲解了在移动网络环境下如何根据一次次的实验结果，来一步步改进优化算法，最终提炼出了能应对网络质量瞬息万变的鱼翅算法；另一个是某产品流量优化项目，重点讲解了流量测试方法、自动化测试的经验以及提炼出的流量优化的通用方法。在两个案例中都详细分享了我们解决问题的思路，相信这些思考问题的方法能给大家在网络优化以及其他方面深入开展工作带来一些启发。

第 6 章是应用安装包瘦身篇，结合一个瘦身实际案例介绍了当前常用的瘦身方法、瘦身工具以及瘦身过程中的技巧。

第 7 章是工具篇，通过前面章节介绍的测试探索与实践，我们已经积累了比较丰富的测试经验，但在实践时经常发现，市面上很难找到能够满足特点测试需求或提高测试效率的工具来辅助测试活动，所以我们就需要自己动手来实现这样的工具。像我们团队开发的可以公开的工具目前有 APT、GT、PowerStats，不同的工具适用于不同的测试场景。各有不同的使用限制，其中以 GT 的适用性最广。本章将以 GT 为例，先讨论开发测试工具的初心：即“什么时候是开发一个工具的恰当时机？”“我们需要解决什么样的问题？”“我们如何决定工具的形态？”这三个问题，然后对 GT 的基础能力在实际调测活动中起到的作用进行简要的论证。

谁适合阅读本书

本书介绍了在移动应用体验中用户关心的几类痛点，如内存、流量、电量、流畅度等，从现象到本质，利用什么工具，发现什么问题，抽丝剥茧，直追代码，找出问题的根因。每章通过一系列的案例描述移动应用的测试及优化的方法，并提供相应问题的解决方案。本书最后一章讲解了测试利器 GT，通过 GT 工具能够让测试更灵活，让开发更透明。

本书可能适合下面这些人：

- 希望通过代码从本质上解决性能问题的开发人员。通过本书规范开发设计工作，减少性能开销，保证开发高质量的 App。
- 希望提高质量、发现性能问题的测试人员。利用本书提供的方法以及思路，查找负责测试 App 的性能问题，并提供开发人员相应问题如何解决的参考案例。
- 希望针对新领域进行专题研究的团队负责人。可以参考我们在成立专题研究时，如何进行问题的剖析、探索和实践。
- 希望从事测试相关行业的新手。通过本书了解目前在移动 App 上的专项测试维度有哪些，测试工作是如何开展的。
- 对腾讯移动品质中心（TMQ）专项测试团队感兴趣的同行。可以通过本书了解我们团队在测试方面的一些思考和尝试。

本书阅读建议

本书中第 1 章到第 6 章从移动 App 各个不同维度进行专题研究、深入分析，因此，没有很明显的顺序关系，读者可以根据需要参考的维度或感兴趣的维度，查找相应的章节，进行阅读。

书中最后一章介绍我们团队自研的一款脱机测试工具 GT。对于 GT 使用的各种问题或内部原理感兴趣的，可以直接阅读第 7 章。

关于作者

本书的作者是来自腾讯移动品质中心（TMQ）专项测试团队的资深测试工程师们，他们长期负责腾讯公司部分重要的手机应用（手机浏览器、手机管家、应用宝、腾讯地图等）的性能评测与优化工作。在 App 的内存、电量、流量、流畅度、网络、安装包大小等核心性能维度，积累了相当丰富的评测、优化经验。

主要编著成员有：蒋翠翠、李金涛、廖志、廖海珍、罗家润、马蕾、秦守强、文娟、阳文彬、叶方正、翟翌华、张媛、张志伟（按拼音顺序排列）。

TMQ（腾讯移动品质中心）是腾讯最早专注在移动 APP 测试的团队。TMQ 微信公众号专注于移动测试技术精华，饱含腾讯多款亿级 APP 的品质秘密，文章皆独家原创，我们不谈虚的，只谈干货！欢迎扫描二维码关注我们。

TMQ 深圳

TMQ 北京

特别感谢

李金涛致谢：

感谢腾讯 MIG 应用宝项目组的支持和帮助，让我们的想法得以在应用宝上落地和实现！感谢廖志和叶方正两位 Leader 的指导，在我们遇到难点时及时帮助和协调！感谢跟我一起做应用宝安装包瘦身的小伙伴王洋、曹荣丽、周茜以及开发和设计同学，大家一起通力合作才达成我们的目标！

廖志致谢：

这辈子最想感谢的人是我的外公陈光煜老先生，他不仅尽力给予了我童年最好的教育，而且用他的言传身教教会了我为人正直。

其次，我要感谢我的外婆赵碧君老太太，她不仅含辛茹苦地帮助我母亲把我抚养成人，也用她自身的言行教会了我善良。当然，我也要感谢生我养我无私奉献她近乎所有给我的母亲陈正伟，希望她能一直健康、快乐的安享晚年。

再次，我自然要感谢全力支持我工作的妻子王维，若不是她在家撑起半边天、用心教育我们的儿子廖紫安，我就没有足够的时间去思考、探索和沉淀我的各项测试技术经验。

最后，我想对五年来一路相伴、并肩战斗的专项测试团队的兄弟姐妹们真心说一句：我爱你们，你们是最棒的！

廖海珍致谢：

作为主编，首先感谢各位章节书写的负责人和领导麦克，廖叔。写书的工作历时很长，近半年了，大家都是靠工作之外的时间来做，而且期间经过几轮思考，又不断的要求调整修改文章布局和细节，感谢各位的支持。通过大家克服各种工作忙，时间不够，文笔如何表达优化思路等困难，才能将整本书完成。致以：写内存篇的张志伟、蒋翠翠，写电量篇的阳文彬、张媛，写流畅度篇的罗家润、叶方正，写导航篇的马蕾、文娟，写网络优化篇的廖志、翟翌华，写应用安装包瘦身篇的李金涛，写工具 GT 篇的秦守强，在此表示深深的感激。

其次，也要感谢当时周末非工作时间和我一起讨论书的脉络的罗小松，两个小时的碰撞，书的架构原型产生了。众人拾柴火焰高，就是和小松，还有后面麦克，廖叔，不断的讨论交流，才慢慢形成了这本书的主要架构。其实，早期设计中他也有一部分的写作工作，后面为了突出各案例技术点，内容做了调整，将他负责的章节砍掉了。还有张媛，因为我的时间安排不开，让她帮忙修改写了网络优化部分内容，后来因为有更适合的表达方式，将她修改的都作废了，一并感谢。

最后，感谢我的老公王士伟和孩子开开。刚开始启动写书的时候，作为主编，觉得需要这么多人一起协助，还有安排各种组织讨论工作，而且又不是擅长的领域，第一次做，个人表示亚历山大。最初自己也尝试写了网络优化部分的初稿，写了 30 页快写崩溃了，当时很迷茫，不确定是否能把书写完，感谢老公不断的鼓励和孩子给我带来的快乐，让我更有动力和自信完成写书大业。

罗家润致谢：

首先感谢专项组对我的培养和帮助。其次要感谢麦克，流畅度这块的测试一开始都是麦克带我着做的，教会了我很多东西。最后感谢耿大师和曹老师，流畅度里的案例大部分工作都是和他们一起完成的。

马蕾致谢：

感谢专项组和地图组所有小伙伴们一直以来对我工作的支持和帮助。感谢廖叔和超姐对专项测试方向的指导和建议。感谢家里的两只鹦鹉乖乖和萌萌一直以来的陪伴。

秦守强致谢：

感谢 GT 用户交流群里的各位业界朋友，正是他们旺盛的好奇心推动了 GT 这个工具产品的不断演进，这才有了本书中 GT 的相关内容。

文娟致谢：

首先，感谢专项组和地图组的小伙伴们给予的支持和鼓励，感谢廖叔提供诱导专项优化的机会以及对我的指导，感谢项目建立初期参与调研的小洪同学，还有在整个过程中给我提供各种意见和建议的 allison，以及提供工具支持的金涛和明明。

再次，感谢家人的陪伴。

叶方正致谢：

感谢所有有目标、有理想的人。

翟翌华致谢：

首先感谢我的 Leader 廖叔，在工作中他开阔的思路，追求极致的工作方式，给了我不少帮助，得益于他的指导，我的网络流量优化项目开展得井井有条，做到了极致，得到了项目组的大力认可，个人也得到了快速的成长。

其次也要感谢项目参与者罗家润、王洋、朱明，我们都投入了很多精力在网络流量优化项目上，所有的成果都是属于大家的，也感谢组内所有给与我帮助的同事们，项目组氛围非常融洽，大家和睦得像一家人。

最后感谢我的老婆和孩子，家庭方面老婆付出了很多，才使得我能更专心的投入工作，感谢你们对我工作的理解，最后把这本书送给你们，我最爱的老婆周洋和儿子帅帅。

张媛致谢：

感谢我的同事袁建发。文中提到的 PowerStat2.0 工具，是在他之前开发的电量分析工具基础之上再次开发并优化完善的。工具对实际项目的电量测试分析起到了很大的作用。

张志伟致谢：

感谢我的家人，有他们的陪伴我才能完成书里的内容。献给乐乐！

Contents 目录

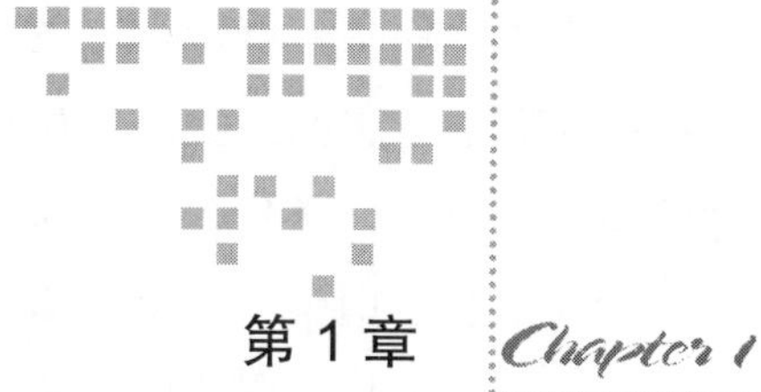

第 1 章 Chapter 1

越用越卡为哪般——降低待机内存

在智能手机兴起的这几年中，我们见证了手机内存从 256MB 到 4GB 的巨大变化，进程可用的内存也从仅有 16/32MB 到现在可以使用 2GB 以上的内存。与此同时，应用的功能也日益复杂，也有更多的进程在同时运行，需要协作和互相切换的应用越来越多。

因此，在硬件资源增长后，应用开发者们依然会感觉到内存是稀缺资源。我们仍然需要每个应用开发者了解内存的消耗情况，并尽量节约使用内存。否则，应用会越用越卡。本章将从内存分析入手，讲解如何降低 App 的待机内存。

1.1 新手入门

当软件实现了新功能后，准备发布版本前，往往需要进行一轮性能测试以确定没有性能问题，这类测试通常包括功能的流畅度、电量消耗和内存使用情况等。

由于内存组成具有复杂性，实际上并没有简单通用的方法就能够发现所有的内存问题。下面，我们会围绕一组案例展开，通过对案例的分析讲解各种内存测试的工具和方法。这些例子都是从真实的测试案例中提取的，经过加工后使得问题表现得更加明显。

接下来我们从一个最常见的内存泄漏开始，作为最典型的内存问题，类似的情况可能在无数应用的无数版本中出现过，而且还会不断地在新版本里出现。对于这样的问题，我们必须要准确识别出来。

在大部分应用中，经常会有一类功能是需要加载附加资源的，比如显示从网络下载的文本或图片。这类功能往往需要在内存中存放要使用的资源对象，退出该功能后，就需要将这些资源对象清空。如果忘了清理，或者是代码原因造成的清理无效，就会形成内存泄漏（GC）。我们的测试任务就是保证功能的正常，并且不会有遗留的内存对象造成泄漏。

要开始进行性能测试，测试工具是必不可少的。我们一般都会优先使用 SDK/IDE 自带的工具，因此首先会想到的工具就是和 IDE 集成在一起的 Android Device Monitor/Android Studio 了。

大多数情况下，功能代码都是由 Dalvik 虚拟机里执行的 Java 代码实现的，因此主要的内存消耗也是由 Java 代码使用 new 分配的内存。Android Device Monitor 和 Android Studio 能够方便地观察 Heap Alloc 部分的大小，进行初步的统计，还能够观察到 GC 发生时的内存变化情况，如图 1-1 和图 1-2 所示。

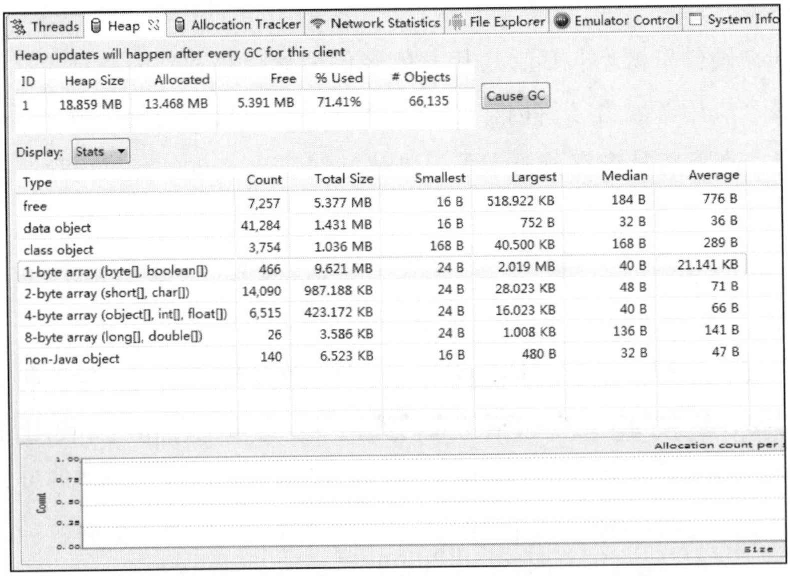

Threads | Heap | Allocation Tracker | Network Statistics | File Explorer | Emulator Control | System Info

Heap updates will happen after every GC for this client

ID	Heap Size	Allocated	Free	% Used	# Objects
1	18.859 MB	13.468 MB	5.391 MB	71.41%	66,135

Cause GC

Display: Stats

Type	Count	Total Size	Smallest	Largest	Median	Average
free	7,257	5.377 MB	16 B	518.922 KB	184 B	776 B
data object	41,284	1.431 MB	16 B	752 B	32 B	36 B
class object	3,754	1.036 MB	168 B	40.500 KB	168 B	289 B
1-byte array (byte[], boolean[])	466	9.621 MB	24 B	2.019 MB	40 B	21.141 KB
2-byte array (short[], char[])	14,090	987.188 KB	24 B	28.023 KB	48 B	71 B
4-byte array (object[], int[], float[])	6,515	423.172 KB	24 B	16.023 KB	40 B	66 B
8-byte array (long[], double[])	26	3.586 KB	24 B	1.008 KB	136 B	141 B
non-Java object	140	6.523 KB	16 B	480 B	32 B	47 B

图 1-1 使用 Android Device Monitor 观察应用的内存消耗

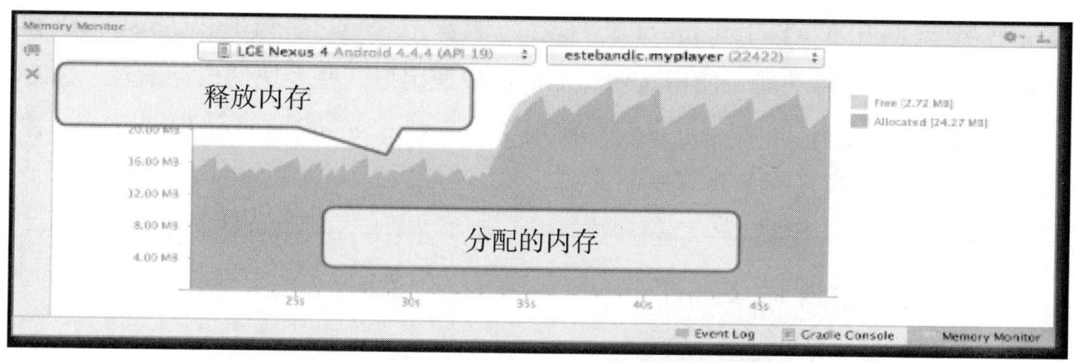

图 1-2　使用 Android Studio 观察应用的内存消耗

在图 1-1 中，我们能够看到应用当前消耗了多少内存，以及各种不同类型对象的初步统计。在图 1-2 中，Android Studio 进一步将内存数据进行了图形化，这样就能方便地看出 GC（垃圾回收）情况和明显的内存趋势。如果存在明显的内存泄漏，那么在图中就会表现为随着功能的反复使用，内存值不断升高，即使出现 GC 也没法降下来，如图 1-3 所示。

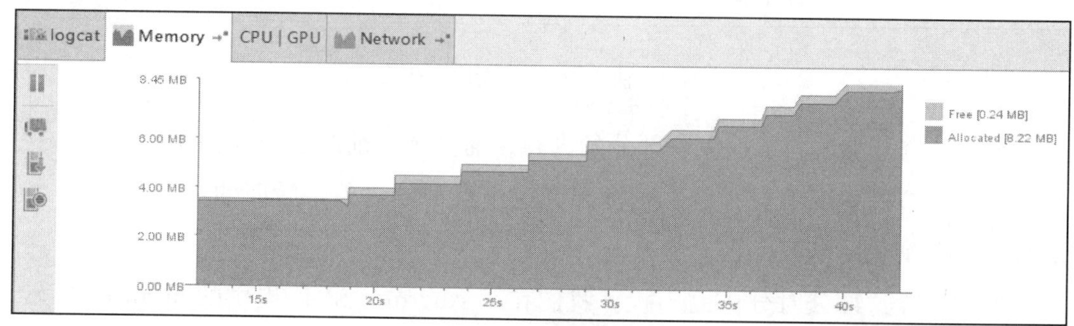

图 1-3　典型的内存泄漏

发现了内存泄漏，通常就可以交给开发去处理了。但我们并不只是给开发人员丢一个问题描述和复现路径过去，而是利用手头的工具，获得一些更详细的数据，能够使大家更快地定位和解决问题，并对内存进行分析。这样分析内存获得详细数据的首选工具就是 Eclipse Memory Analyzer Tool（MAT）。

MAT 是使用非常广泛的 Java 内存分析工具，功能强大。已经有很多关于它的详细教程，在本书中就不再细述用法。本节主要介绍使用 MAT 在分析 Android 应用时的一些常用技巧。

通常我们用MAT打开hprof文件后，能够在首页看到Top Consumers和Component Report等功能，使用这些功能能够快速定位一些大块的内存消耗。但对于Android应用的hprof文件，我们在使用了Top Consumers统计使用情况后，往往只能看到如图1-4所示的情况。

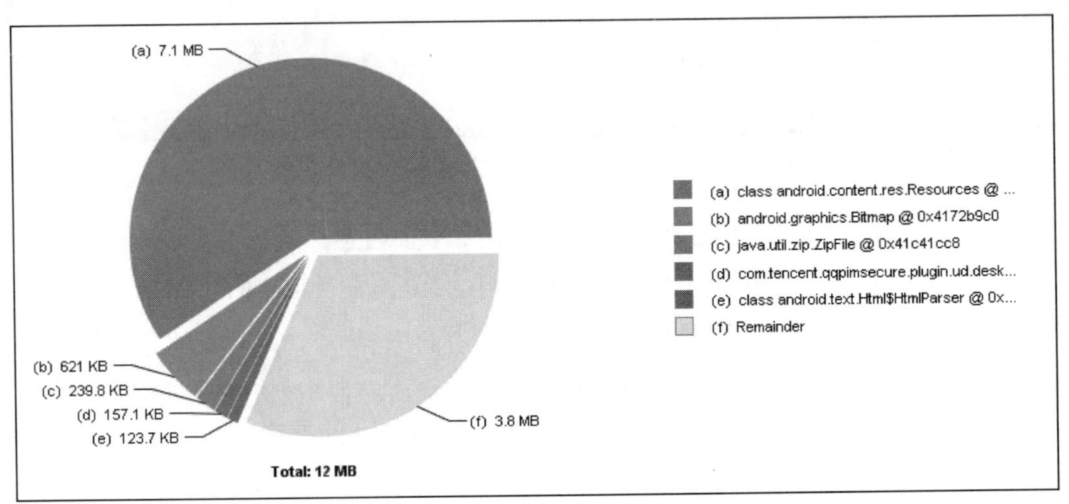

图1-4 使用MAT分析内存构成

系统的资源类占据了很大一部分的内存，而其余的前几名也往往是系统类。这是由于从虚拟机角度不会区分系统框架和应用自身的对象，后面的1.4.3节会详细说明出现这种现象的原因。

为了去除这部分对分析的干扰，我们在用Android SDK提供的hprof-conv转换时需要增加一个参数：

```
hprof-conv [-z] <infile><outfile>
-z: exclude non-app heaps, such as Zygote
```

另一种可替代的方法是使用OQL。如果hprof文件是已经转换过的，可以在数据中寻找应用的Application类对象，将对象地址转换为十进制后输入以下查询语句：

```
select * from instanceof java.lang.Object s where s.@objectAddress >
1107296256
```

使用 -z 参数转换或 OQL 查询后得到的对象集合就只包含应用代码分配的部分了。在此基础上使用 MAT 提供的 Top Consumers 和 Component Report 等功能就能够得到比较准确的结果，如图 1-5 所示，没有了系统类所占内存的干扰，只有应用自身代码创建的对象，对于发现内存问题比较有帮助。

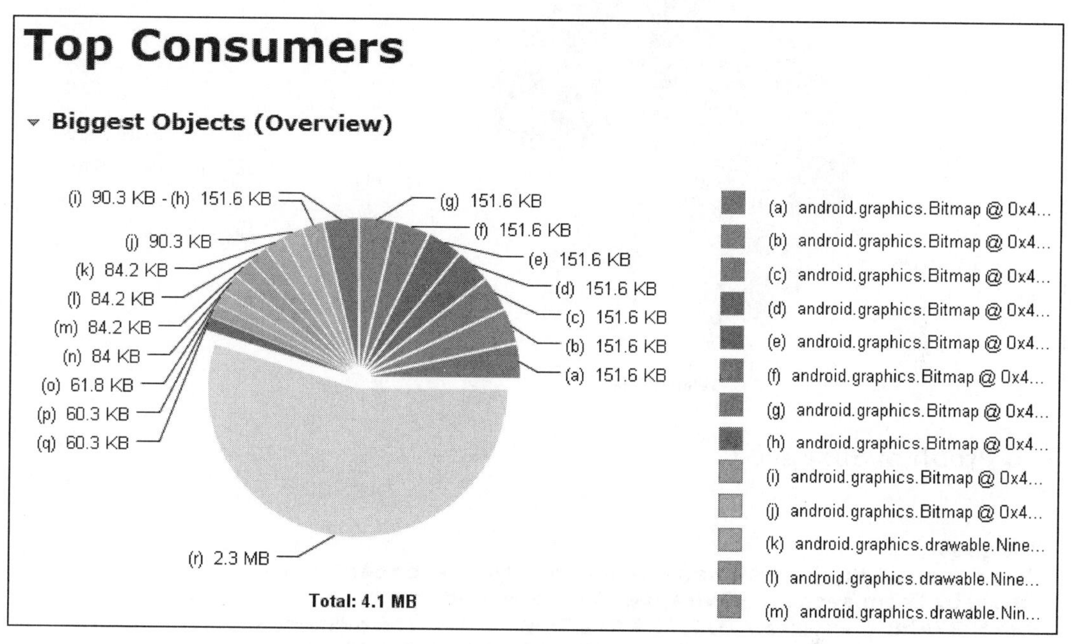

图 1-5　分离之后再次分析内存构成

对于一般的内存泄漏类问题，使用以上方法后通过 MAT 提供的分析报告就很容易识别出来。在我们以往的测试经历中，用这种方法发现了上百次的内存问题。这些内存往往是加载后忘了释放的 Bitmap，临时生成的 byte 数组和文件缓冲区，包含 Handler 的 Activity，等等。

接下来我们看一个真实的应用测试案例。在这个案例里，有些位图在使用完之后由于种种原因，一直没有销毁而存在于 ImageLoader 里，使用一段时间后 ImageLoader 会变得越来越庞大。使用上面介绍的方法去除了系统的影响后，MAT 的泄漏报告给出了结果，如图 1-6 所示，ImageLoader 消耗了接近 1/3 的内存。

有了这样的数据，接下来就可以结合图片追踪代码，看引用到 ImageLoader 的代码部分哪里有问题，从而快速修复问题。

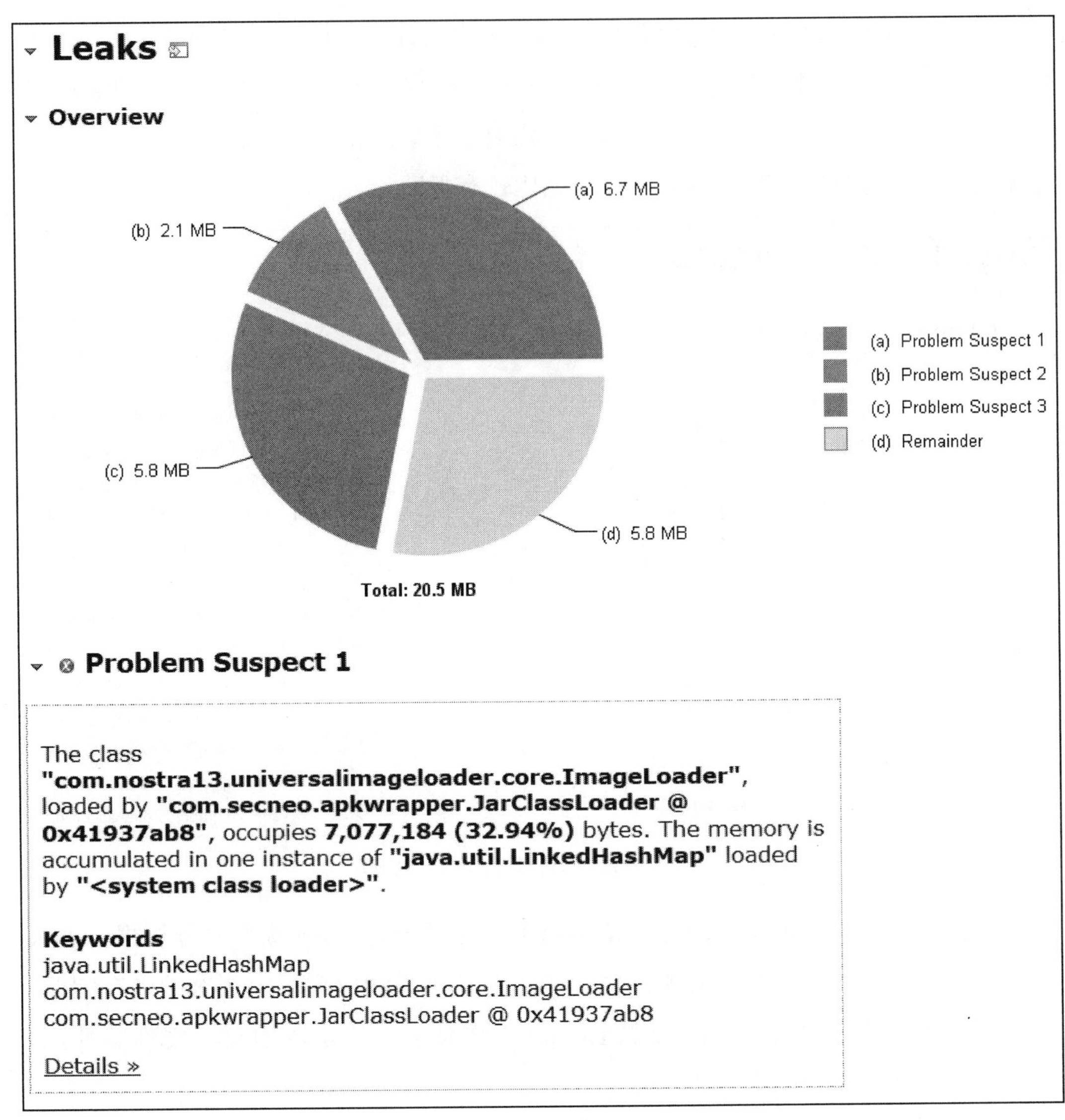

图 1-6 MAT 识别出来的问题

1.2 规范测试流程及常见等问题

最开始进行内存测试时，我们可能还有些摸不着头脑，试着找了些工具，看了看教程就开始动手了。有时候因为问题比较明显，就真的发现了问题。再之后遇到类似的测试需求，我们就会按上次的经验去做。有时候可能发现问题，也可能发现不了，还有些时候甚至是在白费工夫。因为随着明显的问题逐渐被找出来，剩下的都是更加复杂而不太明显的问题了，甚至有些问题更是可以归属到优化范畴或者产品策略之内，而不再是简单的内存问题。

随着经验的逐渐增加，我们逐渐意识到，以前的很多测试方法都属于随机乱测。对于较为成熟的软件，这类方法的测试有效性往往比较低，运气好了才会遇到问题。如果是较深层次的问题，要么遇不到，要么遇到了也找不出原因。因此，有必要总结出一套成熟的流程方法，能够考虑到各个方面，才能提高测试的有效性。

1.2.1　测试流程

由于内存测试属于性能测试，Android 系统又和 Linux 有很多相通之处，因此我们可以参考常见的 Linux 性能测试方法和指标，来制定客户端性能测试方案。常见的测试方法包括 Monkey/UIAutomator 类的常规压力测试、大数据 / 操作的峰值压力测试、长时间运行的稳定性测试等。这些方法都可以叠加在内存测试的方案中，观察这类场景下的应用内存情况，经常能够发现类似内存泄漏或 OOM 的问题。

参考了常见性能测试的方案，以及总结了以往对内存性能测试的经验后，我们总结出了一套进行内存测试的经验性流程，下面介绍这个流程中的要点。

1. 代码

通常用来进行内存测试的版本是纯净版本，不应该附加多余的 Log 和调试用组件。例如有些情况下，为了测试界面延迟 / 函数执行时间等性能，会加入一些桩点代码。在内存测试中这些代码是不必要的，它们可能会分配临时内存，引起更多的 GC，导致应用出现运行缓慢、卡顿等现象。

2. 测试场景

测试场景通常有两类。一类是当前有新开发或改动的某项功能，需要对该功能进行性能测试。因此测试场景主要针对该功能组织，包括功能的开启前、运行、结束后等测试点。另一类是整体性能，考察应用的常见场景，在综合使用情况下的性能指标。测试场景应当包括启动后待机，切换到后台，执行主要功能，以及反复执行各功能后。

在各类场景中，经常作为测试重点的有：

- 包含了图片显示的界面。
- 网络传输大量数据。
- 需要缓存数据的场景。

3. 场景转换成用例

选取了测试场景后，用例设计也要考虑内存测试的特点。一些常见的方法是：

- 结合场景比较操作前后或不同版本的内存变化。
- 显示多张图片的前台进程。
- 多个场景来回切换。
- 长时间运行进程的内存增长。

4. 执行

由于 GC 和广播机制的存在，应用内存通常都在不停地波动，幅度可能会达到几百 KB，因此执行时需要考虑这种情况。在采集数据时，需要多次采集并计算平均值。

执行完成，我们就可以根据数据进行比较初步的分析以确定方向。一方面是我们熟悉的 Dalvik Heap 部分，即由 Java 代码直接分配的内存，可以通过 IDE 直接观察到使用情况，也可以使用 MAT 进行细致的分析。

另一方面，假如我们发现 Dalvik Heap 没怎么增长，而其他部分增长了许多，这种情况下的分析就要复杂一些，我们留待后面的章节再说。

1.2.2 Dalvik Heap 的常见问题

随着测试的执行，随之而来的就是一大堆产生的数据。对产生的数据进行分析，找出可能存在的问题，以及问题可能的原因是接下来的重点。

由于大部分 Android 应用是以 Java 代码开发的，所以 Dalvik Heap 内存出现问题也是最常见的情况。常见的现象有以下几种：

- 随着功能的反复执行，Heap 内存一直在持续增长。这种情况通常是出现了内存泄漏，这种情况最适合用 LeakCanary 等泄漏检查工具进行白盒测试分析。

- 代码执行时出现了频繁的 GC，Heap Alloc 内存大幅度波动。这种情况通常是分配了许多临时变量或数组，随后又被迅速回收，这种情况在确定具体场景后适合使用 Heap Viewer / Allocation Tracker 等工具来查看具体分配的对象。
- 每次启动应用后，Heap 内存相比以前版本稳定增长。这种情况通常出现在启动后待机或使用某功能后，可能是由新功能及代码改动引入的固定内存增长。这种情况适合获取 Heap Dump 后进行多版本或功能使用前后的对此，能够迅速找到增长原因。
- Heap Alloc 变化不大，但进程的 Dalvik Heap Pss（Proportional Set Size）内存明显增加。这种情况比较少见，是由于分配了大量小对象造成的内存碎片，在后面的章节里会详细讲解，具体内容请见下一节。

1.2.3　示例

1.1 节已经介绍了出现内存泄漏时的问题及分析方法，在这里我们再以一个真实的例子介绍常见的几种内存问题和分析方法。

这是发生在手机管家 4.x 的某个版本上的案例，新版中加入了一些功能，开发人员估计新功能可能会分配几万字节到几十万字节的内存，因此我们来进行内存方面的测试验证。当新功能的代码合入后，我们发现应用启动后的内存增长超过了 2MB，这可大大超出了所有人的预期，一定是有什么地方出了严重的问题。

由于新加入了好几个功能，因此要逐个去排查。如果某个新功能的代码都在同一个 package 下，那么就可以使用 MAT 的过滤功能来验证这部分代码是否使用了内存，如图 1-7 所示。

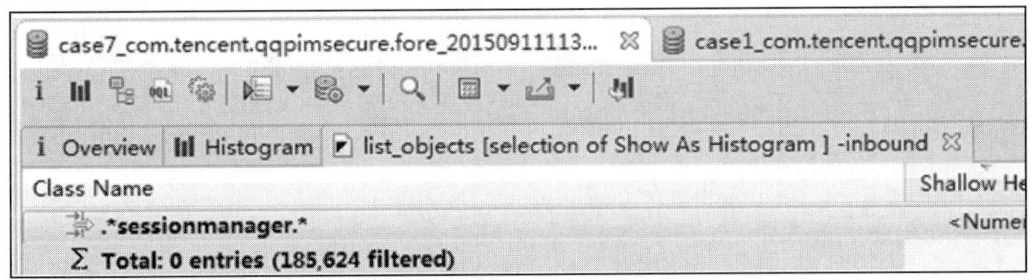

图 1-7　使用 MAT 的过滤功能

经过一番筛选排查，发现内存中多出了一些新对象，多消耗了约 300KB 内存，目前这并不能解释内存增长了 2MB 的原因。但仔细检查多出来的对象并清理掉不用的部分也是有帮助的。

经过检查，这部分内存是其他新功能使用的。对此我们需要进一步确认，这些对象是否是有用的，还是临时创建的。对于临时创建不再使用的对象可以主动销毁，而对于保存着信息将要用到的对象也可以进行进行压缩裁剪，以进一步减少占用的内存。

在以上排查中，我们确实发现了一些问题，但将一些不用的对象清理后再执行测试，总体内存并没有明显减少。现在看来，Dalvik Heap 里分配的内存并没有增加许多，说明问题是不能只在 Dalivk Heap 里就能解决的，也许是别的部分出现了问题？接下面我们就继续深挖下去。

1.2.4 新的问题

经过上一轮的优化，在内存监视器里新版本的 Heap 内存表现已经比较好了，新功能只消耗了几万字节到几十万字节内存。但是要注意的是，Heap 内存并不是应用的全部，我们在设置或其他管理工具里看到的应用内存大小是应用整个进程的内存使用量。也有可能出现 Heap 部分完全没有增长而其他部分增长的情况。

要观察进程的内存使用情况，就需要用到其他的观测工具，Android 里最常用于观察进程内存的方法就是 dumpsys meminfo <package name|pid> 命令。

对我们的新版应用执行该命令，能够得到以下的输出结果：

```
** MEMINFO in pid 17481 [com.example] **
                      Shared  Private     Heap     Heap     Heap
                Pss    Dirty    Dirty     Size    Alloc     Free
             ------   ------   ------   ------   ------   ------
      Native     28        8       28     5744     3739     1117
 Dalvik Heap  10112    10224     9624    14076    10386     3690
 Dalvik Other  3212     3076        0        0
       Stack    270      270        0        0
      Ashmem      2        0        0        0
   Other dev      7        0        4        0
     .so mmap   1867     1330      160        0
    .jar mmap      4        0        4        0
```

```
     .apk mmap      2944          0       2690          0
     .dex mmap      4110         64       3420          0
   Other mmap         16          4          4          0
      Unknown       2351       2331          0          0
        TOTAL      24895      12404       6212          0
```

在以上输出结果中，左边 Pss 列的数据标识进程各部分对真实物理内存的消耗，左下角的 TOTAL 值就是我们在各种管理工具里看到的应用内存消耗。

而 Android Studio 等工具里显示的内存值，在这里是 Dalvik Heap Alloc 部分。根据以上的数据，我们可以看到 Dalvik Heap 和 Heap Alloc 不是相等的，而且除了 Dalvik Heap 之外，还有其他很多部分也会消耗内存。

这时候我们再对比一下旧版，看看是否也如此：

```
** MEMINFO in pid 14233 [com.example] **
                         Shared  Private      Heap      Heap      Heap
                    Pss   Dirty    Dirty      Size     Alloc      Free
                 ------  ------   ------    ------    ------    ------
       Native        28       8       28      5664      3767      1040
 Dalvik Heap      8026    10372     7508     11784     10113      1671
 Dalvik Other     3159     3076        0         0
        Stack       260     260        0         0
       Ashmem         2       0        0         0
    Other dev         7       0        4         0
      .so mmap      1887    1344      160         0
     .jar mmap         4       0        4         0
     .apk mmap      2941       0     2680         0
     .dex mmap      4013      64     3360         0
   Other mmap        16        4        4         0
      Unknown      2256     2244        0         0
        TOTAL     22599    17372    13716         0
```

这时候就会发现问题了，Heap Alloc 没增加多少，但 Dalvik Heap Pss 增加了许多。而其他部分基本保持不变或有少量增长。可见问题还是出现在 Dalvik Heap 部分，但只靠检查分配的对象是看不出来问题的。

Java 代码的内存分配和释放都是由虚拟机管理的，那么这个问题会是虚拟机的问题吗？我们接下来继续通过虚拟机部分机制来探索这些内存增长的原因。

1.3 新问题的进一步挖掘

上一节介绍了内存测试的基本流程，讲述了如何发现并处理简单的内存问题。对于 Dalvik Heap 部分总结出了一些常见的问题模式，以及如何使用工具识别和处理这些常见的内存问题。

当简单问题不再是问题的时候，我们就会开始遇上一些奇怪问题了，类似于下面这些：

> “我们这个版本引入了一个挺简单的库，内存就涨了 2MB。”
>
> “这些代码只是初始化了几个对象，还没有开始用呢。”
>
> “我只是改了一行代码，没有创建新对象。”
>
> “我一行代码都没改，怎么会涨呢？”

这次出现的问题就是这样一类问题，新版本的 Dalvik Heap Pss 内存出现了 2MB 左右的增长，但 Dalvik Heap Alloc 只增长了 273KB，而从 Dalvik Heap Free 也能看出大部分增长的内存是处于空闲状态的。

对问题经过一段时间的观察，我们有以下几点发现：

- 经过较长时间待机后也没有被释放回系统。
- 有几处代码会导致内存增长，只要将这些代码屏蔽掉，内存使用情况就下降到正常水平。
- 这些代码分配的内存并不多，甚至有些地方是不需要分配内存的。
- 有些代码并不是这个版本新加入的，已经存在较长时间了。
- 使用裁剪功能的方法编译并分析内存后，基本可以确定是新加入代码消耗了内存，但并没有内存泄漏，代码经过审查也没有发现问题。

这个结果让我们陷入了困惑，常用的方法找不出问题，说明有更深层次的原因。接下来要从更底层的 DVM 虚拟机寻找问题。

1.3.1　Dalvik Heap 内部机制

为了弄清楚为什么 DVM 占着内存不释放，我们阅读了 DVM 分配内存部分的代码。位置在 Android 源码的 dalvik/vm/alloc 下，约 255KB。分析的主要流程如下：

1）DVM 使用 mmap 系统调用从系统分配大块内存作为 Java Heap。根据系统机制，如果分类的内存尚未真正使用，就不计入 PrivateDirty 和 Pss。例如图 1-8 所示，Heap Size/Alloc 很多，但大部分是共享的，实际使用的较少。所以反映到 PrivateDirty/Pss 里的内存并不多。

```
** MEMINFO in pid 3685 [eu.chainfire.supersu] **
                    Shared  Private     Heap     Heap     Heap
              Pss    Dirty    Dirty     Size    Alloc     Free
           ------   ------   ------   ------   ------   ------
  Native       28       24       28     5764     4531      532
  Dalvik     3778    11288     3540    10147     9636      511
```

图 1-8　共享内存较多的进程

2）新建对象之后，由于要向对应的地址写入数据，内核开始真正分配该地址对应的 4KB 物理内存页面。

Alloc.cpp 中，从第 176 行起的代码如图 1-9 所示。

```
176 /*
177  * Create an instance of the specified class.
178  *
179  * Returns NULL and throws an exception on failure.
180  */
181 Object* dvmAllocObject(ClassObject* clazz, int flags)
182 {
183     Object* newObj;
184 
185     assert(clazz != NULL);
186     assert(dvmIsClassInitialized(clazz) || dvmIsClassInitializing(clazz));
187 
188     /* allocate on GC heap; memory is zeroed out */
189     newObj = (Object*)dvmMalloc(clazz->objectSize, flags);
190     if (newObj != NULL) {
191         DVM_OBJECT_INIT(newObj, clazz);
192         dvmTrackAllocation(clazz, clazz->objectSize);   /* notify DDMS */
193     }
194 
195     return newObj;
196 }
```

图 1-9　DVM 虚拟机分配内存的代码

3）运行一段时间后，开始垃圾回收（GC），有些对象被回收了，有些会一直存在，如图 1-10 所示。

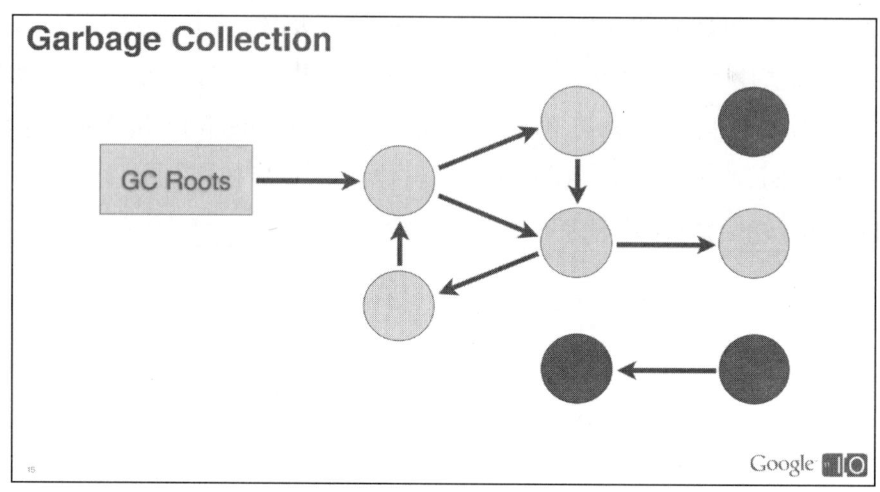

图 1-10　黑点表示的内存会被回收

4）在 GC 时，有可能会进行 trim，即将空闲的物理页面释放回系统，表现为 PrivateDirty/Pss 下降。HeapSource.cpp 中，第 431 行代码如图 1-11 所示。

```
428     if (!gDvm.gcHeap->gcRunning) {
429         dvmChangeStatus(NULL, THREAD_RUNNING);
430         if (trim) {
431             trimHeaps();
432             gHs->gcThreadTrimNeeded = false;
433         } else {
434             dvmCollectGarbageInternal(GC_CONCURRENT);
435             gHs->gcThreadTrimNeeded = true;
436         }
437         dvmChangeStatus(NULL, THREAD_VMWAIT);
438     }
439     dvmUnlockHeap();
```

图 1-11　释放内存回系统的代码（一）

HeapSource.cpp 中，第 1304 行代码如图 1-12 所示。

```
/*
 * Return unused memory to the system if possible.
 */
static void trimHeaps()
{
    HS_BOILERPLATE();

    HeapSource *hs = gHs;
    size_t heapBytes = 0;
    for (size_t i = 0; i < hs->numHeaps; i++) {
        Heap *heap = &hs->heaps[i];

        /* Return the wilderness chunk to the system.
         */
        mspace_trim(heap->msp, 0);

        /* Return any whole free pages to the system.
         */
        mspace_walk_free_pages(heap->msp, releasePagesInRange, &heapBytes);
    }
```

图 1-12　释放内存回系统的代码（二）

1.3.2　问题所在

在了解 DVM 分配释放内存的机制后，根据 dumpsys 观察到的现象，猜测可能出现了页利用率问题（页内碎片）。如图 1-13 所示，第一行：在开始阶段，内存分配较满。第二行：经过 GC（垃圾回收）后，大部分对象被释放，少部分留下来。

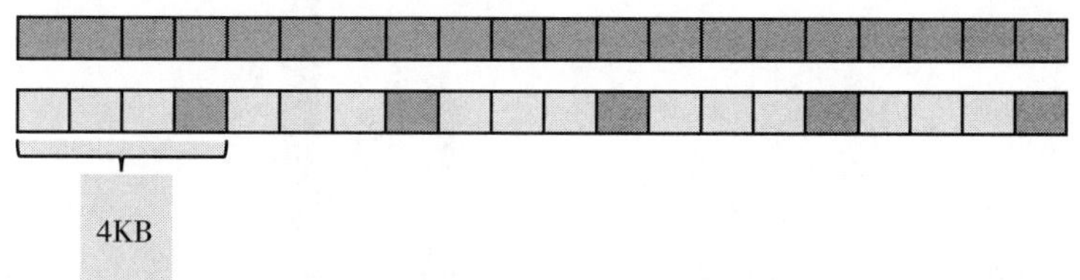

图 1-13　产生内存碎片

这种情况下可能会产生的问题是，整页的 4KB 内存中可能只有一个小对象，但统计 PrivateDirty/Pss 时还是按 4KB 计算。

在通常的 JVM 中，借助 Compacting GC 机制，整理内存对象，将散布的内存移动到一起。但根据 DVM 的代码，DVM 的 Mark-Sweep 算法不能移动对象，即没有内存整理功能，这种情况下就会形成内存空洞。

在猜测了可能的问题后，需要验证是否如猜测原因所致，由于 MAT 的对象实例数据中有地址和大小信息，我们先从 MAT 中导出数据。

在 MAT 中列出所有对象实例：list_objects java.*，然后选中所有数据并导出为 csv 格式，如下所示：

```
Class Name,Shallow Heap,Retained Heap,
class java.lang.Class @ 0x41fdd1e8,16,56,
class test.bxi$3 @ 0x432501c8,0,0,
class test.aaw$c$1 @ 0x4324fef8,0,0,
class test.ds @ 0x4324fc88,8,48,
class test.bxh @ 0x4324f438,8,248,
class test.bxg @ 0x4324f248,0,0,
class test.bxd$1 @ 0x4324f028,0,0,
```

处理导出的 csv 文件，按页面进行统计，取每个对象的地址的高位（&0xfffff000），结果相同的对象处在同一页面中。最后再按每个页面所有对象的大小分类统计，绘出直方图如图 1-14 所示。

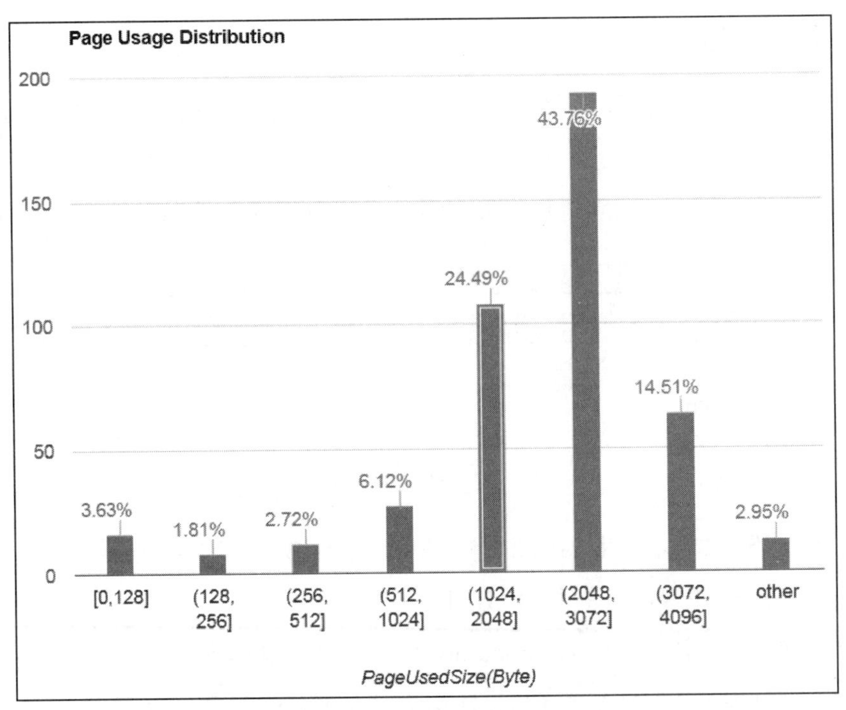

图 1-14 对页面利用率进行分类统计

这张图就是被测应用的页面利用率分布图，左边是利用率低的页面，右边是利用率高的页面。如果发现利用率低的页面数目增加，说明小对象碎片的数量增加了。

1.3.3 优化 Dalvik 内存碎片

为了能够找出有问题的代码，我们将上一步得到的数据继续处理。取出所有使用不满 2KB 的页面的内存块地址，再使用 OQL 将地址导入到 MAT 中，分析地址对应的对象是什么。图 1-15 所示就是将地址重新导入到 MAT 中得到的对象列表。

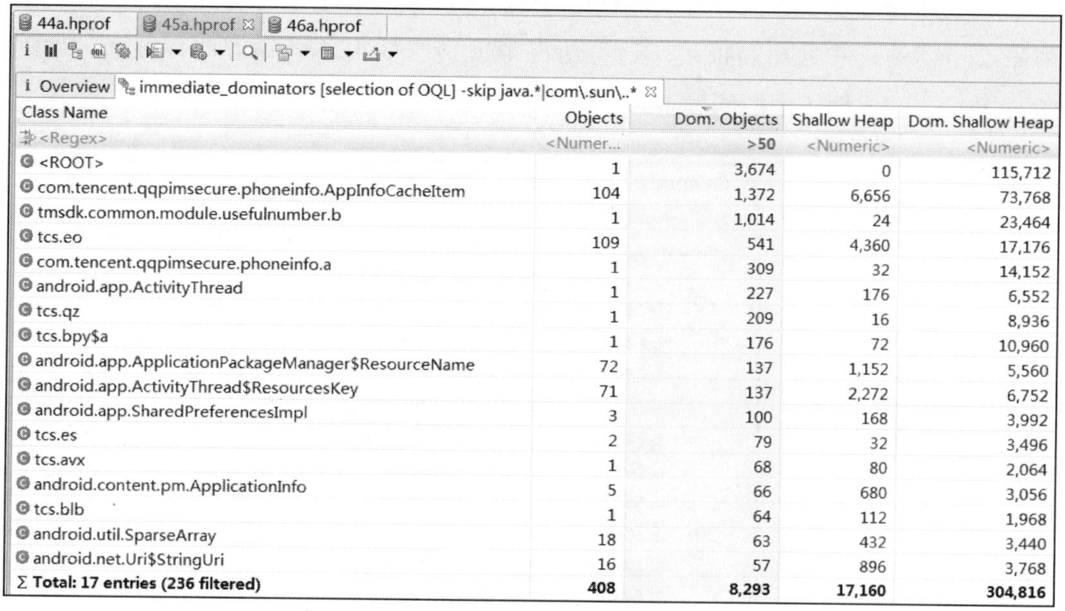

44a.hprof | 45a.hprof | 46a.hprof

Overview | immediate_dominators [selection of OQL] -skip java.*|com\.sun\..*

Class Name	Objects	Dom. Objects	Shallow Heap	Dom. Shallow Heap
<Regex>	<Numer...	>50	<Numeric>	<Numeric>
<ROOT>	1	3,674	0	115,712
com.tencent.qqpimsecure.phoneinfo.AppInfoCacheItem	104	1,372	6,656	73,768
tmsdk.common.module.usefulnumber.b	1	1,014	24	23,464
tcs.eo	109	541	4,360	17,176
com.tencent.qqpimsecure.phoneinfo.a	1	309	32	14,152
android.app.ActivityThread	1	227	176	6,552
tcs.qz	1	209	16	8,936
tcs.bpy$a	1	176	72	10,960
android.app.ApplicationPackageManager$ResourceName	72	137	1,152	5,560
android.app.ActivityThread$ResourcesKey	71	137	2,272	6,752
android.app.SharedPreferencesImpl	3	100	168	3,992
tcs.es	2	79	32	3,496
tcs.avx	1	68	80	2,064
android.content.pm.ApplicationInfo	5	66	680	3,056
tcs.blb	1	64	112	1,968
android.util.SparseArray	18	63	432	3,440
android.net.Uri$StringUri	16	57	896	3,768
Σ Total: 17 entries (236 filtered)	**408**	**8,293**	**17,160**	**304,816**

图 1-15 内存碎片页中的对象

在这里基本就能看出来是哪些对象造成了内存的碎片化，数量比较多的前几类自然嫌疑比较大，可以先对前几个类的相关代码进行分析。也可以对这些代码进行针对性的内存测试，观察内存情况。

通过对生成这些对象的代码分析和模拟实验，我们还原出问题的基本过程：

- 生成对象的过程需要较多的临时变量。
- 批量生成过程中，由于还有空闲内存，虚拟机没有做垃圾回收。
- 完成后才进行垃圾回收，清除了所有的临时变量，留下碎片化的内存。

下面是造成这个问题的类似代码，执行这段代码将会在内存中形成很多碎片，造成很高的 Pss 占用：

```
private Object result[] = new Object[100];
```

```
void foo() {
  for(int i = 0; i < 100; ++i) {
    byte[] tmp = new byte[2000];
    result[i] = new byte[4];
  }
}
```

图 1-16 显示了类似情况下数组的分配范围，可见数组中每个成员的内存地址都是不连续的，并且相隔很远。这种情况下就会消耗很多个物理内存页面，增加 Heap Free，造成例子中的问题。

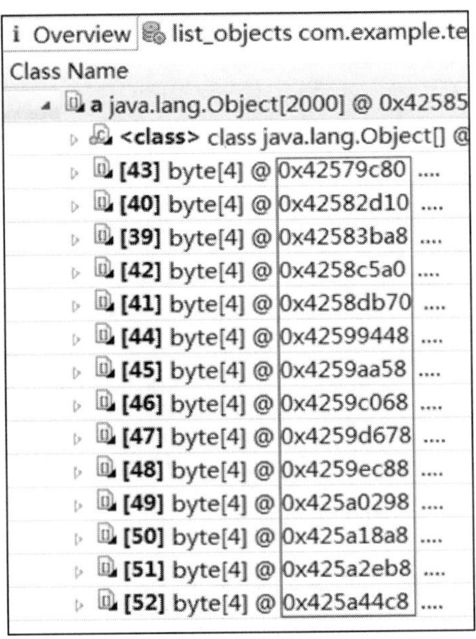

图 1-16　内存碎片对象地址的例子

经验总结

根据上述的流程，我们搞清楚了造成问题的原因，并且找到了问题代码。那么应当总结一些经验，以供借鉴。对于测试人员来说，有以下三个经验：

- MAT 是探索 Java 堆并发现问题的好帮手，能够迅速发现常见的图片和大数组等问题。但 MAT 也不是万能的，比如这个问题的数据就隐藏在对象的地址中。

- 对Android测试经验来说，可能容易找到的是应用代码及框架的各种测试经验和指导，底层以及涉及性能的测试经验并不太多。这方面可以借鉴Linux系统的测试经验，了解内核及进程相关的知识，熟悉常用工具。
- 内存分配的最小单位是页面，通常为4KB。

对于开发人员，以下两个经验也许能有帮助：

- 尽量不要在循环中创建很多临时变量。
- 可以将大型的循环拆散、分段或者按需执行。

1.4 进阶：内存原理

在上一节里，我们通过深入调查Dalvik虚拟机的方式，解决了Dalvik Heap Pss消耗内存过高的问题。除了Dalvik Heap Pss部分之外，应用还有其他许多消耗内存的部分。本节主要介绍其他部分的内存是如何被分配和消耗的。

同样以我们的应用为例，在几个版本之后，新加入了一个缓存功能。缓存功能会预先取一些手机的信息，并放在内存中供其他功能使用，这样可以减少后续功能的消耗，加快运行速度。

有了之前的经验，我们自然会想到不能简单粗暴地将所有缓存一次生成，这样可能会产生大量的碎片，因此需要选择一种合适的策略来进行。在选择新功能的缓存策略时，内存测试也同样有用，通过对不同策略的测试，决定哪种策略比较有效，并且消耗内存比较少。

在测试过程中我们发现，随着使用不同的策略，Dalvik Heap部分会随之增减。与此同时，不同策略执行代码的时机也会使Dalvik Other和Dex Mmap的内存消耗变化。总结规律如下：

- 不生成缓存时，Dalvik Other和Mmap会随之下降。
- 按需生成缓存时，即使只生成一条记录，Dalvik Other和Mmap也会增加。
- 生成多条缓存记录时，Dalvik Other和Mmap会在开始增加，然后一直保持不变。

- Dalvik Other 不会下降，Mmap 偶尔会下降。

通常我们只是大致了解到，Dalvik Other 和 Mmap 和代码数量相关，对于越复杂的应用，这部分内存就越多，并没有进行过定量的分析。但现在随着对 Dalvik Heap 部分的优化，我们发现 Dalvik Other 和 Mmap 在内存中的比重越来越大。在这个版本里，占总内存的将近一半，不能再置之不理，而是要寻找办法对这部分内存进行优化。

对于这些不熟悉的部分，我们首先要先去了解背后的原理，才能够针对性地去研究这些内存是如何被消耗的。

1.4.1 从物理内存到应用

我们首先要了解系统的内存机制，搞清楚物理内存是如何被分配到各个进程的，以及共享内存的机制，等等，理解这些机制对测试及优化都会有很大帮助。

根据 Google 提供的 Android 整体架构图，如图 1-17 所示，可以看到 Android 系统是基于 Linux 内核的，因此底层的内存分配及共享机制与 Linux 基本相同。但由于 Android 是为移动设备设计的，所以整套架构为了符合移动设备的特性，需要有较低的内存及能耗需求。因此 Android 只使用了 Linux 内核，不使用传统 Linux 系统的组件。这些组件虽然功能强大，但是较为消耗系统资源。Google 开发了若干较小的组件，例如将庞大的 glibc 换为 bionic 库，使用 SQLite 数据库等。Android 还扩充了许多内核机制和实现，其中对内存影响较大的是 Ashmem 和 Binder 机制。

在 Ashmem 及 COW(Copy-On-Write) 机制的基础上，Android 进程最明显的内存特征是与 zygote 共享内存。为了加快启动速度及节约内存，Android 应用的进程都是由 zygote fork 出来的。由于 zygote 已经载入了完整的 Dalvik 虚拟机和 Android 应用框架的代码，fork 出的进程和 zygote 共享同一块内存，这样就节约了每个进程单独载入的时间和内存。应用进程只需载入自己的 Dalvik 字节码及资源就可以开始工作。

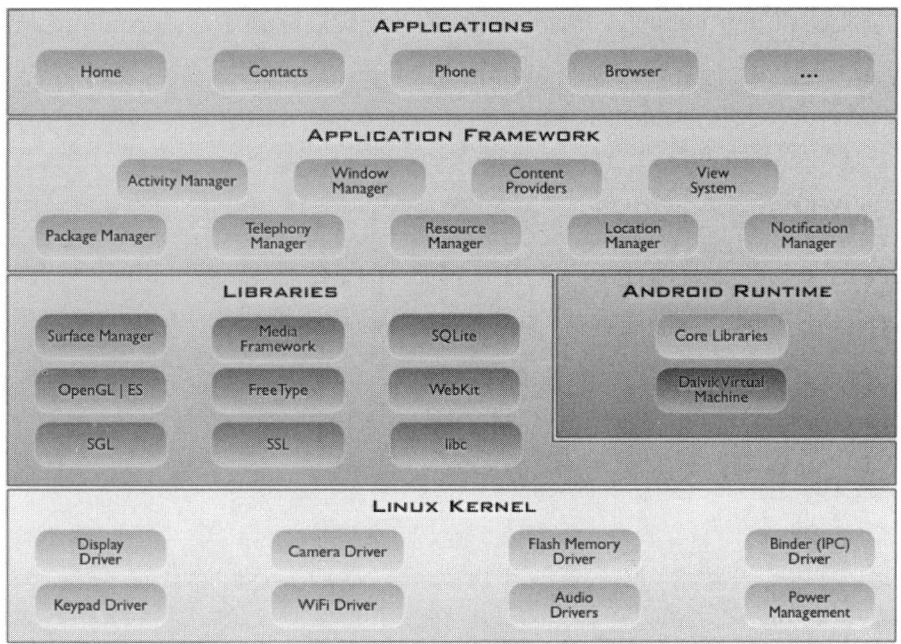

图 1-17　Android 架构图

综上所述，一个在运行的 Android 应用进程会包含以下几个部分：

- Dalvik 虚拟机代码（共享内存）
- 应用框架的代码（共享内存）
- 应用框架的资源（共享内存）
- 应用框架的 so 库（共享内存）
- 应用的代码（私有内存）
- 应用的资源（私有内存）
- 应用的 so 库（私有内存）
- 堆内存，其他部分（共享 / 私有）

有了整体视角后，我们再开始深入观察某一个应用的内存情况。在之前的测试中，我们使用系统提供的 dumpsys meminfo 工具来观察内存值。它能够将不同的内存消耗分类统计，输出成便于查看的格式。

但如果我们想细致地研究各部分内存的由来，只靠这个工具是不够的，我们有必要按照系统划分各部分的方式来理解和分析内存。

通过阅读和分析 dumpsys meminfo 的代码，我们能够了解到 Android 是如何划分各部分内存的。下面详细讲解 dumpsys meminfo 工具是如何统计各部分内存值的。

1.4.2 smaps

由于 Android 底层基于 Linux 内核，进程内存信息也和 Linux 一致，所以 Dalvik Heap 之外的信息都能够从 /proc/<pid>/smaps 中取得。

在 smaps 中，列出了进程的各个内存区域，并根据分配的不同用途做标识，以下是 root 用户使用 cat /proc/<pid>/smaps 的一个例子：

```
788c2000-789bf000 rw-p 00000000 00:00 0          [stack:5113]
Size:                1012 kB
Rss:                    4 kB
Pss:                    4 kB
Shared_Clean:           0 kB
Shared_Dirty:           0 kB
Private_Clean:          0 kB
Private_Dirty:          4 kB
Referenced:             4 kB
Anonymous:              4 kB
AnonHugePages:          0 kB
Swap:                   0 kB
KernelPageSize:         4 kB
MMUPageSize:            4 kB
Locked:                 0 kB
VmFlags: rd wr mr mw me nr
```

dumpsys 统计各个内存块的 Pss、Shared_Dirty、Private_Dirty 等值，并按以下原则进行了归并：

- /dev/ashmem/dalvik-heap 和 /dev/ashmem/dalvik-zygote 归为 Dalvik Heap。
- 其他以 /dev/ashmem/dalvik- 开头的内存区域归为 Dalvik Other。
- Ashmem 对应 /dev/ashmem/ 下所有不以 dalvik- 开头的内存区域。
- Other dev 对应的是以 /dev 下其他的内存区域。
- 文件的 mmap 按已知的几个扩展名分类，其余的归为 Other Mmap。
- 其他部分，如 [stack]、[malloc]、Unknown 等。

了解了 dumpsys 的方法后，我们可以自己解析 smaps，看看归并前各项的内存都是多少。这样能够得到比 dumpsys 更详细的信息，有助于分析一些问题。

首先将 Pss 分为以下几大类，计算各部分占比。在这个例子里，几大项是三分天下的节奏。Dalvik 和 Other dev 内存都占了 30% 以上，剩下的是 mmap 和 Unknown。进行内存优化时不能只看 Dalvik 部分，需要同时评估所有的部分。

1. Dalvik

Dalvik 内存分为多个区域，meminfo 统计的是所有区域累加的值：

```
Dalvik_Heap       5529
 +                              /dev/ashmem/dalvik-heap (deleted)    4680
 +                            /dev/ashmem/dalvik-zygote (deleted)     849
Dalvik_Other      3240
* LinearAlloc     1229
* Accounting      1579
* Code_Cache      432
 +                       /dev/ashmem/dalvik-LinearAlloc (deleted)    1229
 +                     /dev/ashmem/dalvik-aux-structure (deleted)    1291
 +                          /dev/ashmem/dalvik-bitmap-2 (deleted)     192
 +                        /dev/ashmem/dalvik-card-table (deleted)      96
 +                    /dev/ashmem/dalvik-jit-code-cache (deleted)     432
```

其中：

- Dalvik_Heap——包括 dalvik-heap 和 dalvik-zygote。堆内存，所有的 Java 对象实例都放在这里。
- LinearAlloc——包括 dalvik-LinearAlloc。线性分配器，虚拟机存放载入类的函数信息，随着 dex 里的函数数量而增加。著名的 65535 个函数的限制就是从这里来的。
- Accounting—— 包 括 dalvik-aux-structure、dalvik-bitmap、dalvik-card-table。这部分内存主要做标记和指针表使用。dalvik-aux-structure 随着类及方法数目而增大，dalvik-bitmap 随着 dalvik-heap 的 增大而增大。
- Code_Cache——包括 dalvik-jit-code-cache。jit 编译代码后的缓存，随着代码复杂度的增加变大。

由于堆内存部分往往是应用消耗内存最多的地方，在内存优化中，最常见的方法就是减少 Dalvik Heap 中创建的对象，能够直接减少 Dalvik Heap，并间接减少 Accounting 部分。减少代码会直接减少运行辅助部分。

在进行不同版本的对比测试时，我们往往会发现 Dalvik Other 和 Dex Mmap 出现了稳定的增长，这是由新加入的代码引入的内存消耗。

根据 Dalvik 虚拟机的原理，在加载 class 时，会根据类的变量个数及函数个数申请相应大小的内存，作为运行时的内部指针。这部分内存就会体现在 LinearAlloc 及 aux-structure 的增长中。随着版本的开发，应用 class 的数目及复杂度也在不断地增长，因此 Dalvik Other 部分也在不断地增长。

由于这部分内存的增长取决于代码复杂度，因此通常情况下并没有简单直接的方法能够降低它们的消耗。但是通过仔细分析它们的组成及原理，还是能够找出一些间接的方法降低这部分内存的，详细方法请见 2.6 节。

2. mmap

系统会将一些文件 mmap 到内存中，对各个文件进行 mmap 的时机及大小比较复杂。dex_mmap 是其中主要的内容：

```
apk_mmap          648
dex_mmap          1448
 +    /data/dalvik-cache/data@app@com.example-2.apk@classes.dex      917
 +                                       /system/app/Stk.odex     16
 +                         /system/app/TelephonyProvider.odex    140
 +                      /system/framework/android.policy.odex      8
 +                        /system/framework/bouncycastle.odex      2
 +                           /system/framework/conscrypt.odex      3
 +                                /system/framework/core.odex     50
 +                                 /system/framework/ext.odex     19
 +                           /system/framework/framework.odex    249
 +                          /system/framework/framework2.odex     44
jar_mmap          4
ttf_mmap          47
so_mmap           3127
other_mmap        11
```

应用的 dex 会占据较大的空间，并且随着代码增加使得 dex 文件变大，占用的内存也会增加。减小 dex 的（相当于减少代码）尺寸能够降低这部分内存占用，同时也会减少 dalvik 部分的内存。

1.4.3　zygote 共享内存机制

上一小节介绍了应用各部分内存的含义，读者对 dumpsys meminfo 输出的大部分数据都能够有所理解。但 dumpsys meminfo 工具还会输出 Heap Size/Alloc/Free 部分的数值。我们知道这些数值是 Dalvik 虚拟机统计的内存堆的使用量，但这些数值是如何对应到 Pss 内存上的？比如 Heap Alloc 和 Heap Pss 往往相差不远，那是不是可将其看做基本等同的呢？下面我们试图解释这几项数值之间的关系。

由于虚拟机运行时并不区分某个对象实例是 Android 框架共享的还是应用独有的，Heap Alloc 统计的是由虚拟机分配的所有应用实例的内存，所以会将应用从 zygote 共享的部分也算进去，于是 Heap Alloc 值总是比实际物理内存使用值要大。

Heap Alloc 虽然反映了 Java 代码分配的内存，但存在框架造成的失真。除此之外，进程还有许多其他部分也需要使用内存。为了准确了解应用消耗的内存，我们要从进程角度而不是虚拟机角度来进行观察。

Pss 表示进程实际使用的物理内存，是由私有内存加上按比例分担计算的各进程共享内存得到的值。例如，如果有三个进程都使用了一个消耗 30KB 内存的 so 库，那么每个进程在计算这部分 Pss 值的时候，只会计算 10KB。总的计算公式是：

Dalvik Pss 内存 = 私有内存 Private Dirty
+（共享内存 Shared Dirty / 共享的进程数）

从实际含义来讲，Private Dirty 部分存放的是应用新建（new）出来的对象实例，是每个应用所独有的，不会再共享。Shared Dirty 部分主要是 zygote 加载的 Android 框架部分，会被所有 Android 应用进程共享。通常进程数的值在 10 ~ 50 的范围内。

Pss 是一个非常有用的数值，如果系统中所有进程的 Pss 相加，所得和即为系统占用内存的总和。但要注意的是，进程的 Pss 并不代表进程结束后系统能够回收的内存大小。

1.4.4　多进程应用

根据上一节中的描述，当一个进程结束后，它所占用的共享库内存将会被其他仍然使用该共享库的进程所分担，共享库消耗的物理内存并不会减少。实际上，对于所有共享使用了这个库的应用，Pss 内存都会有所增加。对于一般的进程，只是共享着 zygote 进程的 Android 框架等基础部分，而通常手机使用时的应用进程数达到几十个至上百个，所以某个进程结束后，其他进程内存增加的情况并不明显。

但对于多进程的应用来说，由于多个进程之间会共享很多内容，包括代码、资源、so 库等，因此单个进程结束造成的影响就会比较明显。以有两个进程的应用为例，进程共享着部分内存，因此当一个进程不再需要这些内存时，就会出现如图 1-18 所示的场景。表现为一个进程的内存下降了，另一个进程的内存就会明显上升。

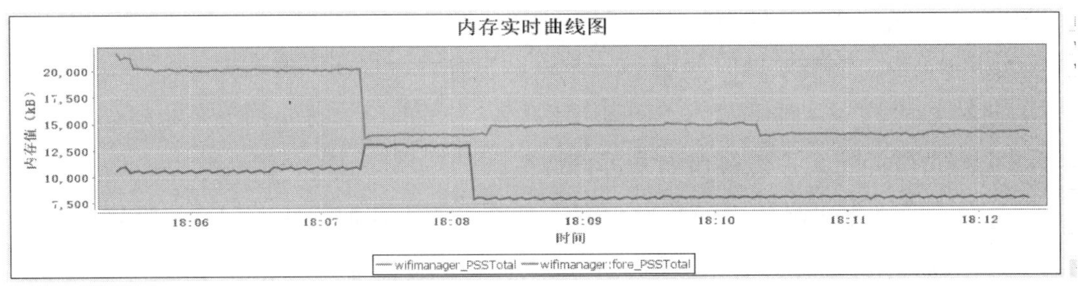

图 1-18 两个共享内存进程的内存变化

由此可见，我们在统计多进程的应用内存和进行优化时，需要综合考虑，以免出现努力优化了一个进程的内存，却造成其他进程内存增长的情况。

1.5 案例：优化 dex 相关内存

上一节提到，随着代码功能的增加，代码复杂度也在不断地变大，这时我们往往会发现 Dalvik Other 和 Dex Mmap 这两部分消耗的内存也在不断增加。在之前的例子里，我们知道这两部分的内存已经接近总内存的一半。在 Dalvik Heap 已经充分优化的情况下，我们有必要继续研究这部分内存如何优化。

我们已经知道 Dalvik Other 存放的是类的数据结构及关系，而 Dex Mmap 是类函数的代码和常量。通常情况下，要减少这部分内存，需要从代码出发，精简无用代码，或者将功能插件化。但如果我们深入理解了系统，也能够找到一些其他方法来降低这部分的内存消耗。

1.5.1 从 class 对象说起

在 MAT 的对象实例列表中，我们往往能有很多 class 条目，如图 1-19 所示。

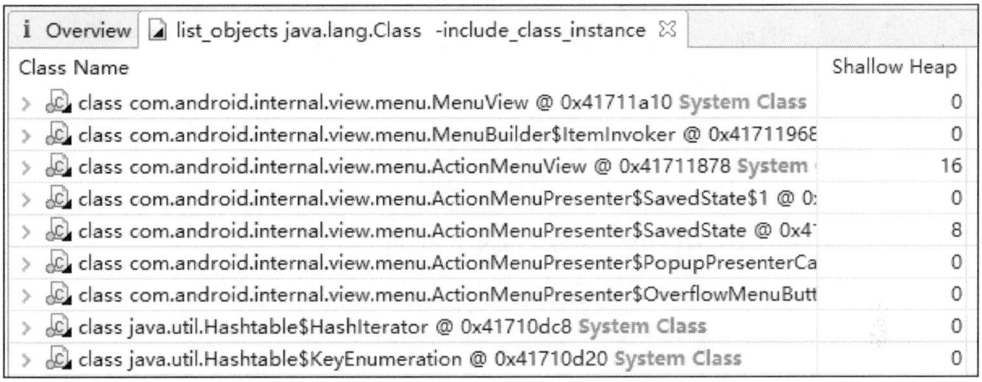

i Overview | list_objects java.lang.Class -include_class_instance

Class Name	Shallow Heap
class com.android.internal.view.menu.MenuView @ 0x41711a10 System Class	0
class com.android.internal.view.menu.MenuBuilder$ItemInvoker @ 0x4171196E	0
class com.android.internal.view.menu.ActionMenuView @ 0x41711878 System	16
class com.android.internal.view.menu.ActionMenuPresenter$SavedState$1 @ 0:	0
class com.android.internal.view.menu.ActionMenuPresenter$SavedState @ 0x4	8
class com.android.internal.view.menu.ActionMenuPresenter$PopupPresenterCa	0
class com.android.internal.view.menu.ActionMenuPresenter$OverflowMenuButt	0
class java.util.Hashtable$HashIterator @ 0x41710dc8 System Class	0
class java.util.Hashtable$KeyEnumeration @ 0x41710d20 System Class	0

图 1-19 MAT 中似乎不消耗内存的 class 条目

这些对象是各种类型的元数据。从 MAT 的信息看来，它们只是保存了各个类的静态成员，所以对于没有静态成员的类型，Shallow Heap 的值为 0，并不消耗内存。但实际上，这只是 class 消耗内存的冰山一角。我们从下面的例子开始：

```
DerivativeStructure mDerivativeStructure = new DerivativeStructure(100, 1, 1, 5.1);
Gaussian mGaussian = new Gaussian(5.8, 2.1, 2);
Log.d("testThread", "new obj");
```

这段代码是一个数学处理库提供的函数，代码十分简单，只是新建了两个对象，但将这段代码在一个空应用中执行后，我们能够观察到以下的内存增长：

- Dalvik Heap 增长约 1.8MB。
- Dalvik Other 增长约 60KB。
- .dex mmap 增长约 300KB。

Dalvik Heap 的增长是我们能预期的。通常来说，能够从代码的逻辑中分析出执行这段代码总共需要分配多少内存，也能够在 MAT 中看到新建对象消耗的内存。当应用使用完新建的对象后，就会将 heap 内存释放，但 Dalvik Other 和 .dex mmap 部分是不会释放的。接下来我们首先分析一下这两部分为什么消耗了这么多内存。

1.5.2 一个类的内存消耗

首先，如果我们在代码中要使用一个类，例如以下代码：

```
Foo f = new Foo();
```

虚拟机在执行到这步时会做什么呢？

第一步是 loadClass 操作，将类信息从 dex 文件加载进内存：

1）读取 .dex mmap 中 class 对应的数据。

2）分配 native-heap 和 dalvik-heap 内存创建 class 对象。

3）分配 dalvik-LinearAlloc 存放 class 数据。

4）分配 dalvik-aux-structure 存放 class 数据。

第二步是 new instance 操作，创建对象实例：

1）执行 .dex mmap 中 <clinit> 和 <init> 的代码。

2）分配 dalvik-heap 创建 class 对象实例。

在这个过程中，可能还会分配 dalvik-bitmap 和 jit-code-cache 内存。如果 class Foo 引用了其他类型，那就还需要先按照同样的逻辑创建被引用的 class。由此可见，在创建一个类实例的每一步都需要消耗内存。我们接下来大概计算一下 new 操作需要消耗的内存。

根据 Dalvik 虚拟机的代码，能够得知 class 根据类成员和函数的数目分配 LinearAlloc 和 aux-structure 的多少，以及 class 本身及函数需要的字节数。我们再根据一个应用中所有 class 的总量进行平均计算，得到以下一组数据。

第一步是 loadClass 操作，加载类信息：

- .dex mmap(class def + class data): 载入一个类需要先读取 259 字节的 mmap。
- dalvik-LinearAlloc: 在 LinearAlloc 区域分配 437 字节，存放类静态数据。
- dalvik-aux-structure: 在 aux 区域分配 88 字节，存放各种指针。

第二步是 new instance 操作，创建对象实例：

- .dex mmap(code)：为了执行类构造函数，还需要读取 252 字节的 mmap。
- dalvik-heap: 根据类的具体内容而变化。

可见在创建对象实例的操作中，Dalvik Other 和 .Dex Mmap 部分就各需要约

500 字节的内存空间。但是考虑到 4KB 页面的问题，由于这些内存并不是连续分布的，所以可能需要分配多个 4KB 页面。当然由于很多类会在一起使用，使得实际的页面值不会那么多。

以我们举例的应用为例，总共有 7042 个类，启动后载入了 1522 个类，这时侯应用的 .dex mmap 内存消耗大约是 5MB，平均后约为 3.4KB。Dalvik Other 的部分会少一些，但依然是远远超出需要使用的大小。

1.5.3　dex mmap

dex mmap 在 Android 应用中的作用是映射 classes.dex 文件。Dalvik 虚拟机需要从 dex 文件中加载类信息、字符串常量等，还需要在调用函数的时候直接从 mmap 内存中读取函数代码（dvm bytecode）来执行；所以该部分内存是程序运行必不可少的。

以一个示例应用为例，我们能够在 MAT 中看到，应用加载了大约 1500 个 class 类型，而 dex 文件的 class 类型共有 10635 个。使用 dex mmap 动态统计功能统计后发现，虽然只加载了 1500 个类，但 dex 内存通常高达 4 ~ 6MB，差不多是 dex 文件大小的一半，如表 1-1 所示。

表 1-1　dex 内存的利用率

启动后加载 class 数	总共 class 数	class 数占比
约 1500	10635	14%
启动后 dex mmap 内存	**dex 文件大小**	**dex 文件大小占比**
约 4 ~ 6MB	10.9MB	37% ~ 55%

从以上数据可以看到，很大一部分 dex 内存空间被浪费了，实际使用到的数据和代码并没有那么多，这是为什么呢？这是由于 dex 文件在生成时按字母顺序排列。由于 4KB 页面加载的原因，实际运行时会加载许多相邻但不会被用到的数据。例如在代码中使用了 A1 类，虚拟机就需要加载包含 A1 类数据的页面。但由于 A1 的数据只有 1KB，那在加载的 4KB 页面中，还会有 A2A3A4 类，总共占用了 4KB 内存。

假设我们的代码里在用到 A1 类后，还会用到 B1、C1、D1 类，那么如果能在

dex 文件中将 A1、B1、C1、D1 类放在一起，虚拟机就只需要加载一个 4KB 页面，不仅减少了内存使用，还对程序的运行速度有好处。因此，优化的思路就是调整 dex 文件中数据的顺序，将能够用到的数据紧密排列在一起。

1.5.4 dex 文件优化

为了达到优化的目的，我们需要先了解 dex 文件的结构。dex 文件结构如表 1-2 所示。

表 1-2 dex 文件结构

<table>
<tr><th colspan="2">区 域</th><th>描 述</th><th>内 容</th></tr>
<tr><td>Header</td><td></td><td></td><td></td></tr>
<tr><td rowspan="6">索引区</td><td>String Id list</td><td rowspan="6">指向 Data 的偏移量</td><td></td></tr>
<tr><td>Type Id list</td><td></td></tr>
<tr><td>Method Prototype Id list</td><td></td></tr>
<tr><td>Field Id list</td><td></td></tr>
<tr><td>Method Id list</td><td></td></tr>
<tr><td>Class Definition list</td><td></td></tr>
<tr><td rowspan="14">Data 区</td><td rowspan="4">ClassData</td><td rowspan="4">类数据</td><td>常量及变量定义 Id</td></tr>
<tr><td>接口 Id</td></tr>
<tr><td>成员函数 Prototype Id</td></tr>
<tr><td>类 Annotation 的偏移量</td></tr>
<tr><td rowspan="3">StringData</td><td rowspan="3">字符串数据</td><td>类名</td></tr>
<tr><td>Proto 字符串</td></tr>
<tr><td>常量字符串</td></tr>
<tr><td rowspan="3">Code</td><td rowspan="3">函数代码</td><td>Dalvik 字节码</td></tr>
<tr><td>函数 Debuginfo 的偏移量</td></tr>
<tr><td>函数 Annotations 的偏移量</td></tr>
<tr><td>StaticValues</td><td>静态变量初始值</td><td></td></tr>
<tr><td>Debuginfo</td><td>Debug 信息</td><td></td></tr>
<tr><td>Annotation</td><td>Annotations</td><td></td></tr>
<tr><td>Map list</td><td></td><td></td></tr>
</table>

简而言之，为了节约空间，dex 将原先在各个 class 文件中重复的信息集中放置在一起，并以索引和指针的形式支持快速访问。虚拟机能够通过索引表在 Data 区域中找到需要的信息。

下面我们看一个访问字符串的例子。在 dex 文件结构中，读取字符串需要先到 StringIdList 中查表，然后根据查到的地址到 Data 区读取内容。StringIdList 的数据结构如下：

```
struct DexStringId {
  u4 stringDataOff;
};
```

现在我们模拟虚拟机读取一个字符串，来观察内存的消耗。假设有一个字符串的 id = 6728，对应的地址就会是 112 + 6728 = 6990。因此虚拟机首先根据 string ID 读取 0x006990 - 0x006994 的内容，此时系统会加载 0x006000 ~ 0x006fff 的整页内存，从 Pss 角度来看，会增加 4KB。

虚拟机读到的内容是 stringDataOff = 0x531ed4，随后虚拟机会继续从 0x531ed4 读取字符串内容，假设字符串长度是 45 字节，则虚拟机会读取 0x531ed4 ~ 0x531f04 的内容，但此时系统也必须加载 0x531000 ~ 0x531fff 的整页内存，从 Pss 角度来看，会再次增加 4KB。

由此可见，在有些情况下，虚拟机读取 data 区的一个数据，就至少要消耗 8KB 物理内存。如果多次读取的分散在文件各处的数据，就可能会以 4KB 的倍数快速消耗内存。

Android SDK 提供了 dexdump 工具来观察 dex 文件内容，我们以此工具来看看 dex 的数据内容：

```
dexdump classes.dex
Processing 'classes.dex'...
Opened 'classes.dex', DEX version '035'
Class #0 header:
...
Class #0            -
  Class descriptor  : 'Laaa/aaa;'
...
Class #1            -
```

```
  Class descriptor  : 'Laaa/bbb;'
...
Class #2            -
  Class descriptor  : 'Lbbb/ccc;'
...
```

根据对 dex 数据的观察，我们发现 dex 文件中数据基本是按类名的字母顺序进行排列的，这样同样包名的类会排在一起。但在实际程序执行中，同一个 package 下的类并不会全部一起调用，而是和很多其他 package 下的类进行交互，但 mmap 加载了整个页面，可能会有很多无用数据。为了减少这样的情况，我们在生成文件时要尽量将使用到的数据内容排布在一起。在 APK 的编译流程中，Proguard 混淆工具正好是能够对类名进行修改的，可以根据程序运行的逻辑，将那些会互相调用的类改为同一个 package 名，这样就可以使它们的数据排布在一起。

以上表数据为例，Class 的排列顺序是 aaa/aaa、aaa/bbb、bbb/ccc。假设我们的应用运行逻辑是 aaa/aaa、bbb/ccc，而 aaa/bbb 在某些特殊时候才能用到。但在当前的排列情况下，加载了 aaa/aaa 和 bbb/ccc 就必然要加载 aaa/bbb。我们可以用 Proguard 等工具来控制类名，将 aaa/bbb 等不常用的类放在后面，则 aaa/bbb 平时就不会加载。如下所示：

```
dexdump classes.dex
Processing 'classes.dex'...
Opened 'classes.dex', DEX version '035'
Class #0 header:
...
Class #0            -
  Class descriptor  : 'La0;' # 原 aaa/aaa
...
Class #1            -
  Class descriptor  : 'La1;' # 原 bbb/ccc
...
Class #2
  Class descriptor  : 'La2;' # ...
...
Class #100            -
  Class descriptor  : 'La100;' # 平时用不到的 aaa/bbb
...
```

经验总结

根据上述的流程，我们探讨了 Dalvik Other 和 .dex mmap 部分的内存，大致搞清楚了它们被消耗的机制，以及一些能够减少消耗的方法。经验如下：

- 在优化内存时，不只有堆内存，还有其他许多类型的内存能够进行分析和优化。
- dex 文件有很多优化空间。在仔细统计并调整了 dex 文件的顺序后，往往能够节约 1MB 以上的 mmap 内存。
- 引入 SDK 库和调用新的系统 API 时需要考虑成本。有可能一些不常用的功能会导致大量的内存消耗。这时有可能需要多进程方案，将这些影响内存的操作放入临时进程执行。

1.6 本章小结

在这一章里，我们通过对几个案例的分析，基本了解了 Android 应用的各种内存组成，以及这些成分是如何被消耗的，也总结出了一些节约和优化内存的经验。在这一小节里我们把经验都列出来供读者参考。

内存的主要组成索引：

- Native Heap：Native 代码分配的内存，虚拟机和 Android 框架本身也会分配
- Dalvik Heap：Java 代码分配的对象
- Dalvik Other：类的数据结构和索引
- so mmap：Native 代码和常量
- dex mmap：Java 代码和常量

内存工具：

- Android Studio/Memory Monitor：观察 Dalvik 内存
- dumpsys meminfo：观察整体内存
- smaps：观察整体内存的详细组成
- Eclipse Memory Analyzer：详细分析 Dalvik 内存

测试经验：

- MAT 是探索 Java 堆并发现问题的好帮手，能够迅速发现常见的图片和大数组等问题。
- 仅靠 MAT 提供的功能也不是万能的，比如内存碎片问题就隐藏在对象的地址中。
- 要测试非 Dalvik 部分，有必要了解 Linux 的进程和内存原理、内存共享机制，熟悉常用命令行工具。
- 内存分配的最小单位是页面，通常为 4KB，这个限制往往会引发各种碎片问题。
- 碎片不仅仅是 Dalvik 内存，包括各种文件的 mmap 也有可能产生碎片。

性能优化：

- 尽量不要在循环中创建很多临时变量。
- 可以将大型的循环拆散、分段或者按需执行。
- 引入 SDK 库和调用新的系统 API 时需要考虑成本。有可能一些不常用的功能会导致大量的消耗。这时候有可能需要多进程方案，将这些影响内存的操作放入临时进程执行。
- 除了 Dalvik 堆内存，还有其他类型的内存在了解了原理后也能够进行分析和优化。
- dex 文件有很多优化空间。在仔细统计并调整了 dex 文件的顺序后，往往能够节约 1MB 以上的 mmap 内存。

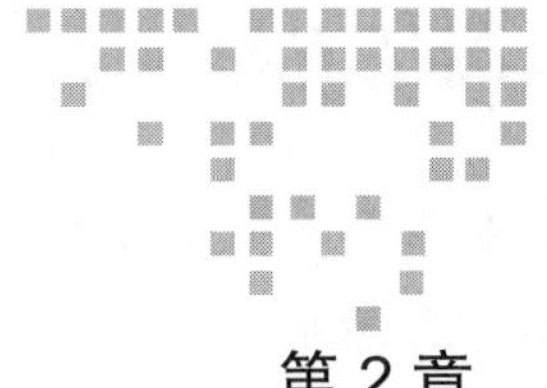

第 2 章 Chapter 2

手机发烫是为何——降低耗电量

智能手机兴起的时候，坊间流传着这样么一句话："用智能手机的男人一定是个好男人，因为他每天必须回家充电！"，这句调侃的话说出多少手机用户的辛酸。随着智能手机的实用性、娱乐性越来越完善，我们对其依赖程度日益加深，甚至到了寸步不离的地步，衣食住行都依赖这个小小的移动终端。不管是在餐厅、地铁、商场甚至大街上，我们都能看到大片的低头族，且其数量呈崛起之势。我们每天将大部分珍贵的碎片时间献给了它。然而由于电池技术的局限性，智能手机这个全民好伴侣"偶尔"会在我们沉浸其中时戛然而止，让人生无可恋。

在我们日常使用智能手机过程中也会有体会，当我们的手机安装了市场 top100 的应用，即使不怎么使用手机也会很快没电，而如果将手机恢复出厂设置，三方应用都不安装，放置一周拿起来还是电量充足。真相只有一个：手机耗电的最终元凶是软件。

那么要怎么改善软件的耗电状况呢？我们可以从两个方向着手，一是从应用软件的运行载体手机系统入手，即操作系统厂商 Google 和 ROM 厂商，在系统层面做一些策略，在保证应用的用户体验的前提下尽量限制应用的不必要耗电；二是从应用软件本身入手，在保证用户的必要体验前提下，尽可能减少不必要的操作。

本章将分享我们在降低耗电方面做的一些工作。

2.1 电量测试方法

自腾讯移动互联网事业群（下文称“MIG”）开始着手手机 ROM(tita) 研发，为手机省电能做的也越来越多，例如控制系统本身的功耗；限制三方应用不正当的操作；统一众多三方应用的后台动作等。而笔者作为测试人员，要关注的问题有：什么样的操作是耗电的呢？参考标准是什么呢？怎样去量化呢？怎样衡量使用优化策略后的成效呢？这些问题都是需要解决的。其中至关需要解决的是怎样去量化整机的耗电问题。

耗电给大家最直观的印象就是了解手机使用时的电流、电压、电量等数据，初中的物理课本就告诉我们：

电能 W（焦耳 J）= 电功率 P(瓦特 W) × 时间 t（秒 s）

= 电压 U(福特 V) × 电量（库仑）

电功率 P(瓦特 W)= 电压 U(福特 V) × 电流 I（安培 A），表示电流做功快慢

电量 Q（库仑 C）= 电流 I（安培 A）× 时间 t（秒 s）

我们经常看到如图 2-1 所示的手机电池会标注 3.7V 1730mAh(6.4Wh)，其中 mAh 表示电量，Wh 表示电能，手机的电池可以解读为在提供稳定电压 3.7V 的情况下，可以提供稳定电流 1730mA 一个小时。如果我们在测试的过程中给手机提供恒定的电压，那么只需要获取电流值就可以量化手机的功耗。

图 2-1 手机电池信息

下面主要介绍如何来获取手机使用时候的电流值，分硬件、软件两个方面。

2.1.1 硬件测试

方法 1：通过 Android API 获取，代码如下：

```
registerReceiver(receiver, new IntentFilter(Intent.ACTION_BATTERY_CHANGED));
```

这种方法的缺点：获取手机整机耗电，实时性差精度小（只能监控电池电量剩余量和跳变），测试工具本身的性能消耗，手机休眠后无法持续监测。

方法 2：通过读取系统电池传感器设备节点。

```
/sys/class/power_supply/battery/uevent
```

这种方法的缺点是：测试工具本身的性能消耗，持续采集频率不得超过100Hz，只有部分机型支持此节点 (Nexus 4, Nexus One)。

方法 3：使用外置电流仪。

这种测试方案可以很好弥补上面两种方案的缺点，不受测试机型限制，不会造成测试方案本身带来的额外的性能消耗，可以达到很高的测试精度，可以达到很高的采集频率。唯一的缺点就是电流仪价格高得感人。

确定了测试方案，下面详细介绍测试环境的搭建，测试工具的使用，以及一些方案落地成果。

1. 硬件测试工具简介

测试工具包括如图 2-2 所示。图 2-2a 是直流恒压电源（Agilent 66319D）。图 2-2b 是 GPIB（通用接口总线）。图 2-2c 是模拟电池。图 2-2d 是 PC 端电流软件。

使用方法如下：

1）把假电池装进待测试的手机，如图 2-3a 所示。

2）假电池出来的两根引线连接到稳压电源的输出接口 OUTPUT 上引线的接线正负位置，如图 2-3b 所示。

3）GPIB 线连接稳压电源和电脑，如图 2-3c 所示。

4）整体连接图展示，如图 2-3d 所示。

完成以上步骤后，PC 端装好电流软件，启动，设置相关的参数，然后开启稳压电源，开启手机，就可以进入手机的电流测试了。

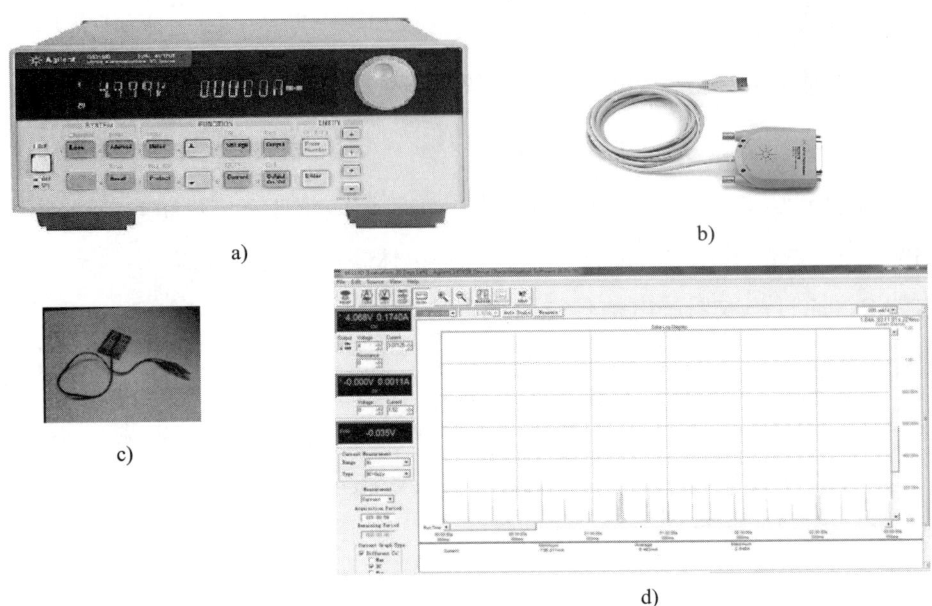

a) b) c) d)

图 2-2 硬件测试工具示意图

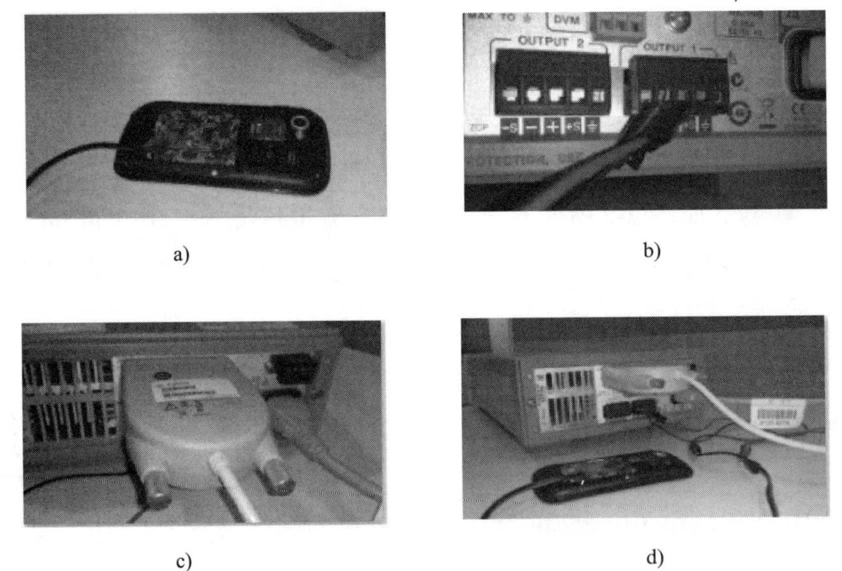

a) b) c) d)

图 2-3 硬件测试工具接线图

采集数据流程如下：

1）Reset 电源的初始状态。

2）直流恒压电源设置为 4.2V 电压值。

3）参数配置完成后按下 DLOG 按钮记录日志（参数配置见使用手册）。

4）按下 Measure 按钮开始电流测试，测试完成后保存 LOG 到自定义目录。

分析结果如下：单击 Marker 线，会产生 2 条垂直的标记线，可以任意移动，软件右下方自动产生成 2 条标记线之间的时间和耗电量，如图 2-4 所示（耗电量 = 时间 × 电流）。

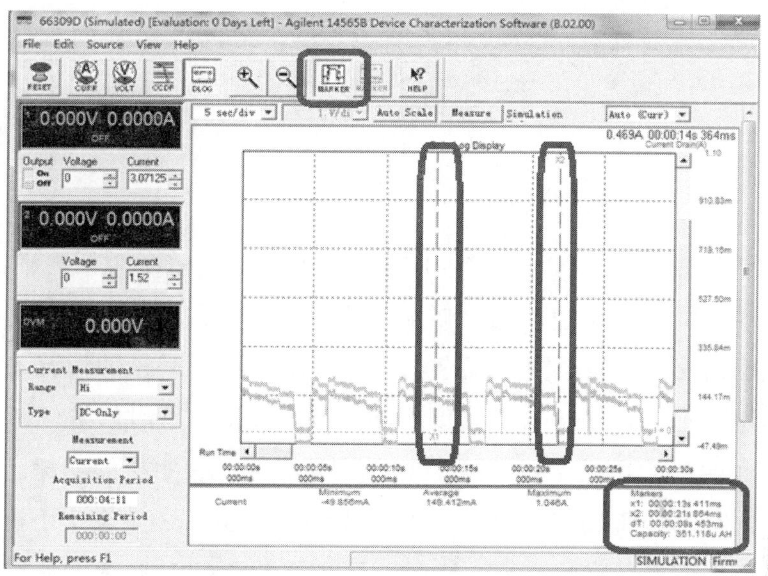

图 2-4　数据采集软件

2. 案例分享

以上介绍的硬件测试方法，主要适用于对整机场景功耗的量化。下面介绍下我们在使用这种测试方法在实际项目上的应用成果。

【例 2-1】分析 CPU 频率与电量消耗的关系

CPU 的功耗会随着频率提升而增加已经是大家的共识，仅仅只考虑 CPU 的频率而定论它的功耗是否正确呢，对此我们做了一系列的测试，同时控制 CPU 的频率和使用率，观察在各个场景下的电流值，如图 2-5 所示。

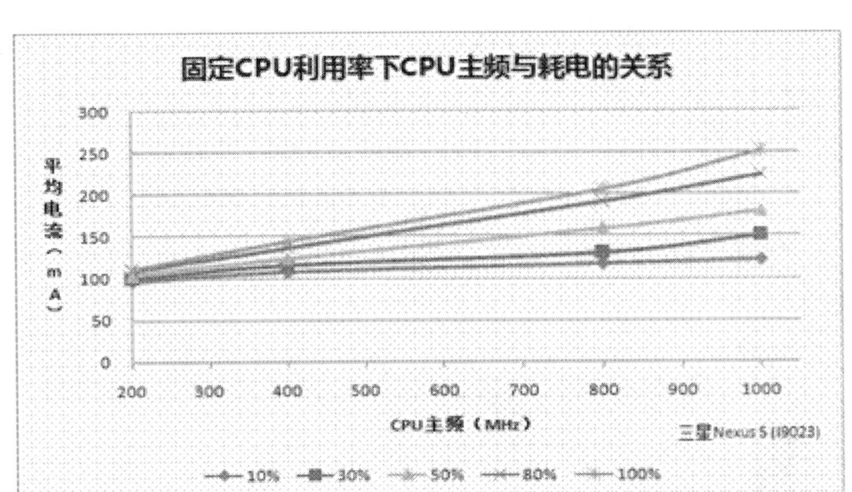

图 2-5 CPU 主频与耗电的关系

通过测试数据发现，在 CPU 空闲的情况下，CPU 频率对耗电的影响几乎是忽略不计的，因此在系统空闲的时候对手机强制降频是不能节电的（单核的情况下，在多核的情况下场景会更加复杂）；在 CPU 使用率 30% 的情况下，手机达到 800MHz 以后手机的功耗随 CPU 频率增加的幅度增加，这时候可以考虑适当降低 CPU 频率获得更好的功耗控制；在 CPU 使用达到 50%，手机的功耗已经和频率成直线增加，这时候降低 CPU 频率增加 CPU 使用率，并不一定会给手机功耗带来很好的成效；所以在选择降频节能方法时，要充分考虑 CPU 频率和使用率带来的是真的省电还是徒劳无功。

【例 2-2】分析手机屏幕背景色与功耗的关系

在手机的正常使用过程中，屏幕其实是最大的耗电元凶，那么显示屏幕材质，以及选择屏幕背景色对手机功耗的影响到底是怎么样的，我们可以通过硬件的测试方式来做一个详细的对比。表 2-1 是当年主流手机显示屏技术与功耗的对照表。

而不同的显示屏幕实现技术在不同颜色显示上的表现是怎么样的？在不同的屏幕上我们长时间使用的背景色应该怎么选择呢？以下是三星官方给出的 OLED 和 LED 的色彩功耗对比图，如图 2-6 所示。

表 2-1 各种材质屏幕和功耗的关系

技术	材质类型	功耗
LCD	LCD+LED 背光	☆☆☆☆
	TFT-LCD	☆☆☆
	IPS	☆☆☆
	SLCD	☆☆
OLED	AMOLED	☆
	Super AMOLED	☆

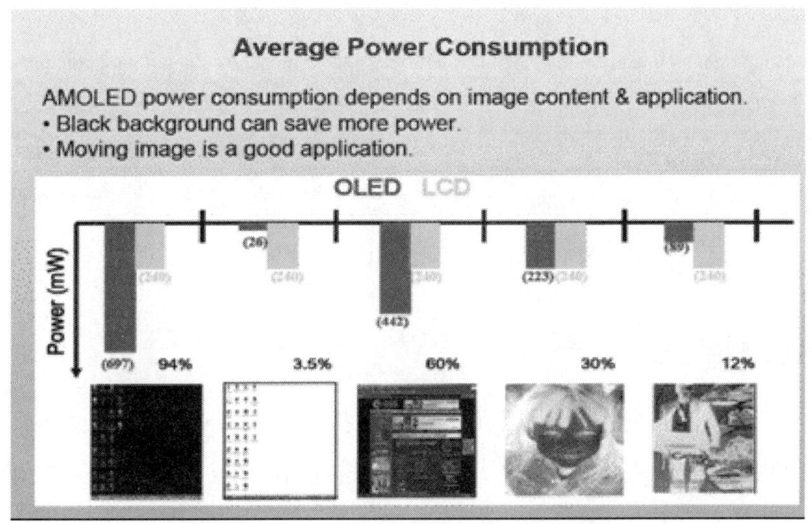

图 2-6 不同屏幕不同颜色与功耗的关系

可以看出全白的时候 OLED 耗电是 LCD 的 3 倍，全黑的时候 LCD 耗电是 OLED 的 10 倍，30% 白色的时候两者相当。

针对 LCD 屏幕，我们只需要关注屏幕亮度值（0 ~ 255）带来的耗电，值越大耗电越大；而针对 OLED 屏幕，我们不但要关注屏幕的亮度值，还需要关注每个像素的 RGB 值。对此我们也做了一些验证，帮助项目组在适配不同机型时，选择怎么样的色彩，如图 2-7 所示。

由以上的数据可知 SLCD 屏幕同图片耗电最亮是最暗的 2 ~ 3 倍，建议在亮度选择的时候使用适当的亮度；Super AMOLED 最高亮度时全黑比全白节电 60%，建议应用 UI 尽量采用深色调。

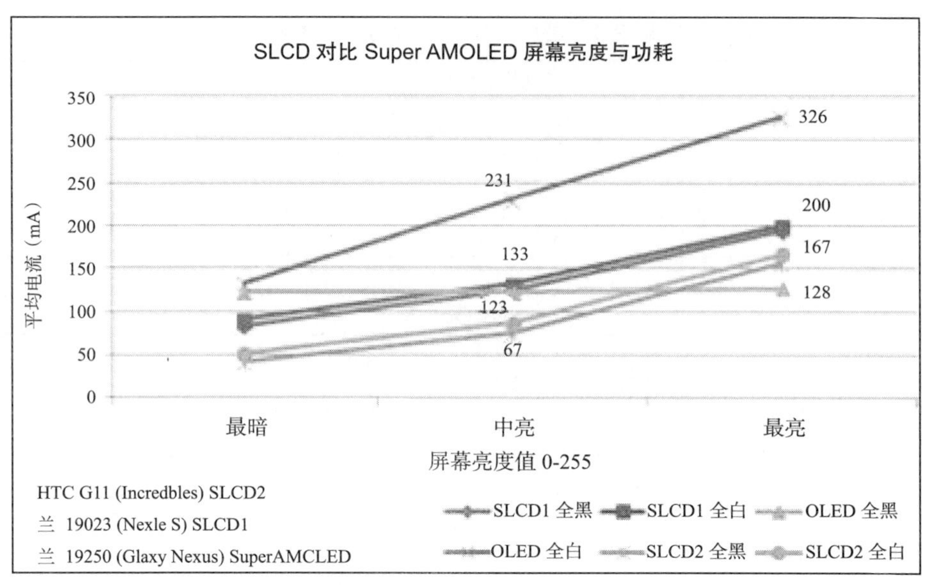

图 2-7　SLCD 对比 Super AMOLED 屏幕亮度与功耗

2.1.2　软件测试

上面一节讲述的都是从整机层面去量化并控制手机功耗，相比做 App 的公司来说做手机 ROM 的厂商较少。那么从应用的性能优化出发，上面讲述的硬件测试方法就不那么实用了，原因如下：

- 每个 App 本身的耗电是微量的，硬件测试方法中仪器本身波动可能无法体现 App 的功耗；
- 硬件测试方法只能通过测试整机功耗来体现 App 耗电，而这样很难避免其他 App 影响测试结果。

为了解决这个问题，MIG 专项测试组从分析 Android 系统电量统计原理入手，并结合在实际项目中对耗电优化做的工作，来分享下对 App 功耗优化的认识。

【例 2-3】2014 年下半年，MIG 重点业务手机管家电量测试数据显示，在无网络条件下，管家后台待机 1 小时，V1 版本待机电量消耗 1060.78mAs，而当时最新的 V2 版本的待机电量消耗为 1891.06mAs，比 V1 版本增长 78%。

分析 CPU 时间片消耗，并没有发现异常。所以，专项组开始从 ROM 层级的电量统计原理出发，根据可能引起电量异常的点，逐步查找问题所在。

根据经验及理论知识，手机待机进入休眠状态后，耗电的主要原因是系统被唤醒，CPU 或传感器工作。因此我们针对可能引起电量异常的点，设计测试场景，使用不同的测试工具分别对 CPU 时间片消耗、唤醒次数进行测试。

通过多次测试后分析数据发现，在无网络情况下，V2 版本 CPU 时间片消耗少于 V1 版本，但 alarm 触发频次明显增长。

根据获得的 alarm 信息查找代码，发现是维持网络连接心跳的 alarm 出现了异常。继续追查代码后，最终定位到是代码逻辑错误。V2 版本发心跳包前没有进行判断，因而无网络时也会按照产品设计去持续发送心跳包。问题修改后，V2 版本电量消耗减少 30%。

在解决这个问题的过程中，发现通过一次测试获取到尽可能多的有效数据是当前电量测试迫切的需求。什么样的数据是有效的呢？ Android 用户通常是在系统设置的“电池”中查看各 App 的电量消耗情况。我们可以通过研究“电池”模块计算电量的原理，去看看组成 App 电量消耗的因素有哪些。

1. 电量统计原理

（1）Android 电量统计接口

Android 在 4.1 版本以后在系统增加了 battery info 模块，记录一定时间周期内整机的功耗状态以及每个应用的功耗详情。Android 系统上 App 的电量消耗由 cpu 、wake lock、数据传输（移动网络 &WiFi）、WiFi 运行、gps、other sensors 组成。在 ROM 源码中，组成 App 电量消耗各部分定义如下：

- CPU 的电量消耗：cpuSpeedStepTimes[step]/totalTimeAtSpeeds × (userTime + systemTime) × powerCpuNormal[step]
- wake lock 的电量消耗：进程 wakelock 时间 ×power_profiler.xml 中 type=cpu_awake 的数值
- 数据传输的电量消耗：进程数据传输量 ×getAverageDataCost()
- WiFi 运行的电量消耗：进程 WiFi 运行时间 ×power_profiler.xml 中 type=wifi_on 的数值

- GPS 的电量消耗：传感器时间 ×power_profiler.xml 中 type=gps_on 的数值
- other sensors 的电量消耗：传感器时间 × 默认传感器的电量消耗

手机其他部分的电量消耗定义如下：

- 蜂窝通信电量消耗：运行时间 ×power_profiler.xml 中 type=radio_active 的数值
- 屏幕电量消耗：开屏能量消耗 + 亮度能量消耗
- 信号电量消耗：处于各信号强度下的能量消耗 + 扫描信号时的能量消耗
- Wifi 电量消耗：WiFi 开启能量消耗 + WiFi 运行能量消耗
- CPU 空闲时电量消耗：空闲时间 ×power_profiler.xml 中 type=cpu_idle 的数值
- 蓝牙模块电量消耗：打开蓝牙的能量消耗 + 蓝牙在 AT command 下的能量消耗 + 进程蓝牙能量消耗

（2）通过系统文件获取电量记录

就像 Linux 系统对各个应用在 CPU、内存上的消耗有详细的记录一样，Android 系统在运行过程在帮助解决功耗问题上或许也会留下一些记录。Android 在 4.1 版本以后加入了 battery info 模块，详细记录手机运行状态变化的时间点及对应的内容。在 Android 5.0 后 Google 使用工具 Battery Historian 在 Web 端更直观的展示手机状态随时间的变化。而且随着 6.0 更新了 Battery Historian 2.0 加入引起手机状态变化的应用，更好帮助开发者控制应用功耗。

在手机连接 PC 后，在终端使用命令 adb shell dumpsys batterystats（4.1-4.3 使用命令 adb shell dumpsys batteryinfo），打印出详细的耗电相关信息，一类整机状态，一类应用状态，数据详细解释如图 2-8 所示。

例如：-16h26m01s882ms 090 64020241 +wakelock 表示在手机在使用 adb shell dumpsys batterystats 之前 16h26m01s882ms 的时候，手机电量剩余 90%；系统应用在这个时刻申请了一个 wakelock 锁；系统的整体状态是 64020241，这一串数字是对系统状态的记录，其解释如图 2-9 所示。

在低 16 位中，每 4 位表示一种状态：第 0 ~ 3 位表示系统屏幕的亮度，其值可以是 0 ~ 5，依次表示 dark、dim、medium、light、bright、other；第 4 ~ 7

位表示信号强度，其值可以是 0 ~ 5，依次表示 none、poor、moderate、good、great、other；第 8 ~ 11 位表示电话状态，其值可以是 0 ~ 4，依次表示 in、out、emergency、off、other；第 12 ~ 15 位表示移动网络传输的状态，其值可以是 0 ~ 15，依次表示为 none、gprs、edge、umts、cdma、evdo_0、evdo_A、1xrtt、hsdpa、hsupa、hspa、iden、evdo_b、lte、ehrpd、hspap、other。

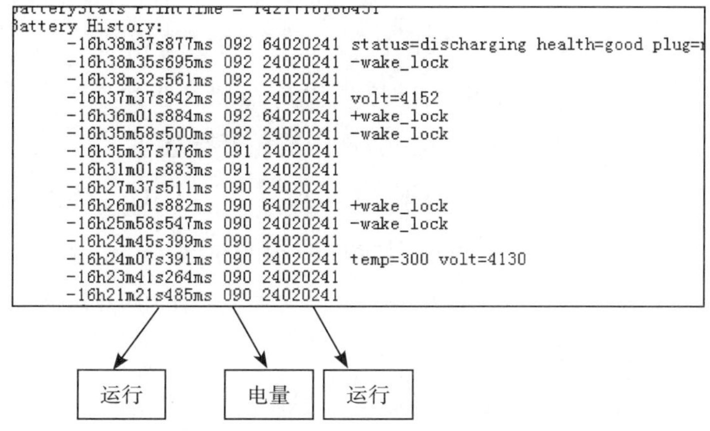

图 2-8　手机一段时间的运行状态

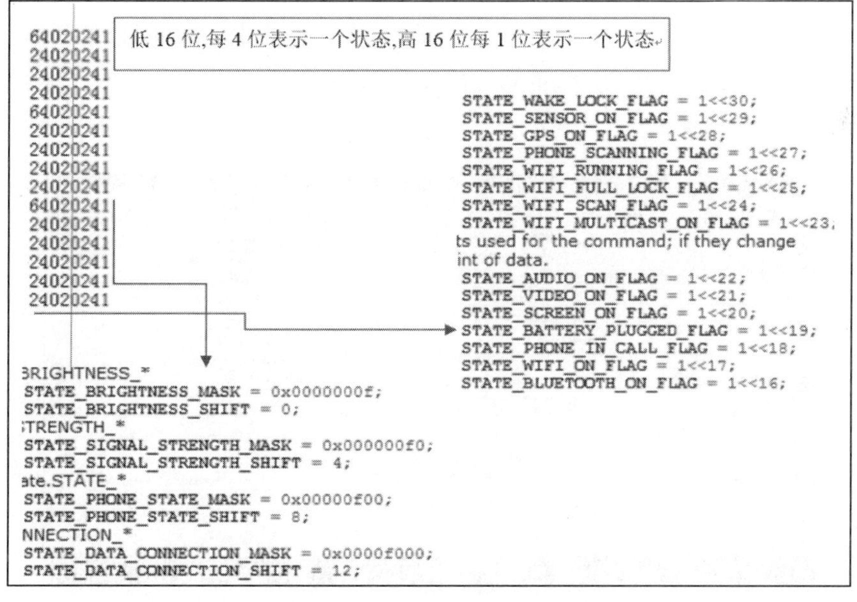

图 2-9　手机运行状态解析

高 16 位每一位表示一种状态：16 ~ 30 位依次表示的状态为 bluetooth、WiFi、phone_in_call、plugged、screen、video、audio、wifi_mulicast、wifi_scan、wifi_full_lock、wifi_running、phone_scan、gps、sensor、wake_lock。

2. 软件测试工具

研究了 Android 电量统计及 Setting 应用电池部分的源码后，我们了解到 App 的电量消耗由 CPU、wake lock、数据传输（移动网络 &WiFi）、WiFi 运行、GPS、other sensors 的电量消耗组成。Setting 应用简单地把这些数据加起来展示给用户，但对于测试人员来说，分开看每一部分的具体消耗更有意义。

“工欲善其事，必先利其器”。根据实际测试需求，MIG 专项测试组开发了两款电量测试工具。一个是，在第三方电量统计应用 PowerStat 的基础上，做了完善优化及兼容性适配，命名为 PowerStat2.0。另一个是，在性能测试平台类工具 GT 上独自开发的资源消耗分析插件。

下面简单介绍这两种工具及 Google 官方提供的 App 电量分析工具。

（1）PowerStat2.0

PowerStat 工具是我们 TMQ 专项测试团队自研的一款软件电量测试工具，可到 GT 官网（http://gt.qq.com）下载。它基于安卓系统的耗电排行的隐藏接口获取的数据。在 Android 系统 4.3 及以下可正常使用，在 4.4 及以上需要作为系统应用使用。如图 2-10 和图 2-11 所示。

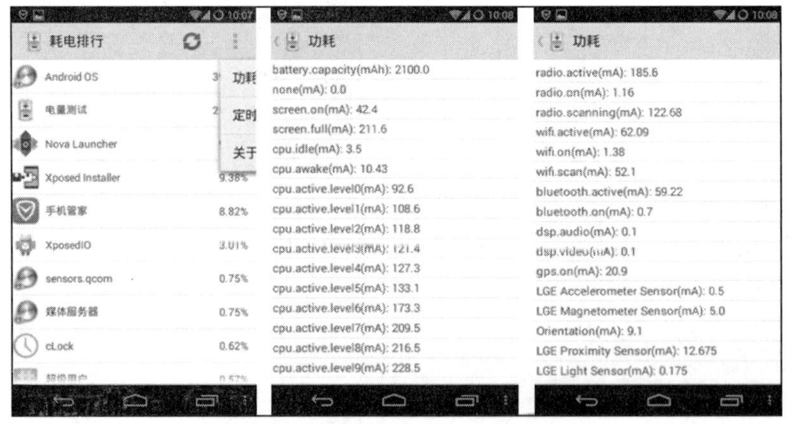

图 2-10　PowerStat 应用详情功耗

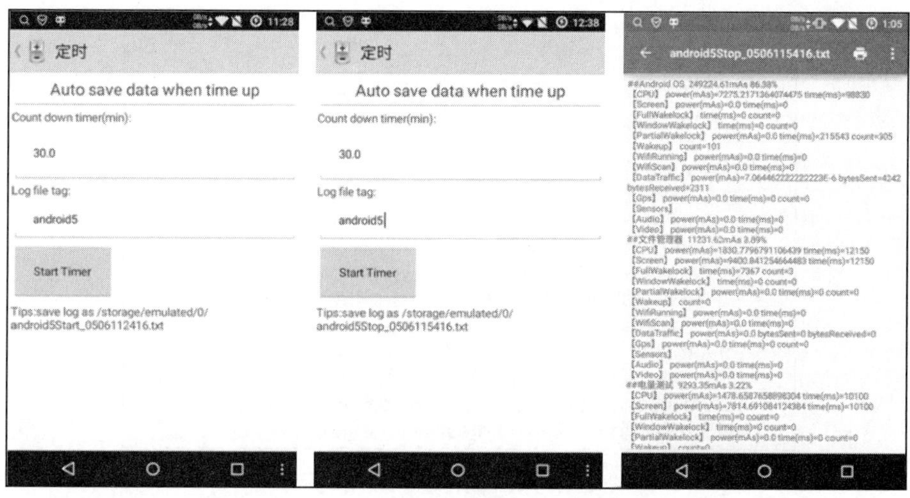

图 2-11　PowerStat 定时保存数据

目前工具涵盖以下功能：

- ❑ 细化耗电项。
- ❑ 详细显示各硬件功耗。
- ❑ 定时保存数据功能。

（2）GT 资源消耗分析插件

GT 工具是我们 TMQ 专项测试团队自研的一款随身调的测试工具。在测试过程中，能够脱机采集各纬度的性能数据，如图 2-12 和图 2-13 所示。

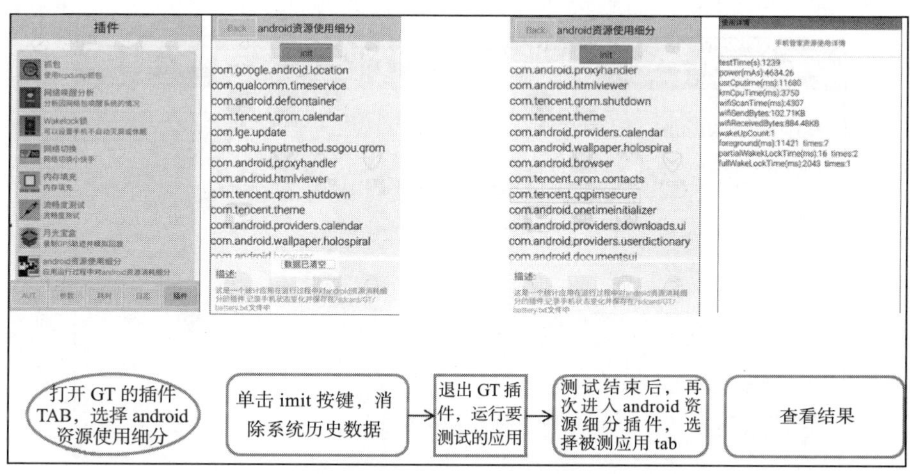

图 2-12　GT 插件采集功耗数据

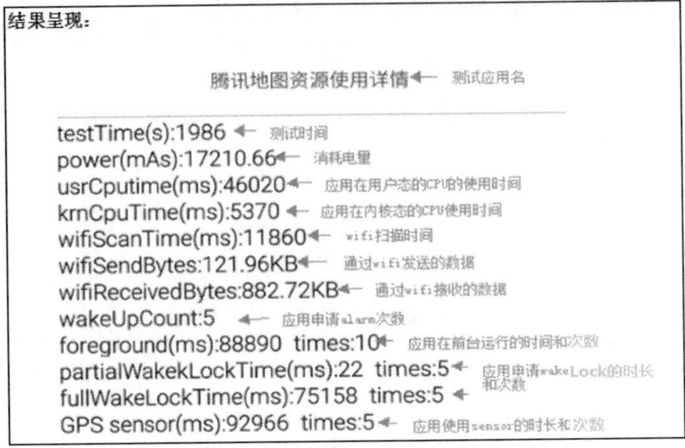

图 2-13 GT 插件功耗数据展示

（3）Battery Historian 2.0

Battery Historian 是随着 Android 5.0 面世的，Historian 2.0 是 Historian 的升级版，兼容 Android 5.0，在 Android 6.0 上面详细到应用对整机状态变更影响的信息。它归总了我们在 Android 4.4 上针对整机异常耗电定位方案，以及软件测试方法定位 App 耗电方案。详细的介绍以及工具环境搭建可上 github https://github.com/google/battery-historian。下面主要介绍一下这个工具展现的内容。

System Stats 是系统耗电的情况总览，包括各种耗电类型的总体数据和应用耗电排名情况，如图 2-14 所示。

System Stats | Historian 2.0 | Historian (legacy) | App Stats | Choose an application | Clear app selection

Nexus 5 MRA58N

Aggregated Stats:

Metric	Value
Device	Nexus 5
Build	MRA58N
Duration / Realtime	6h18m29.07s
Screen Off Discharge Rate (%/hr)	3.29 (Discharged: 14%)
Screen On Discharge Rate (%/hr)	28.75 (Discharged: 59%)
Screen On Time	2h3m8.212s
Screen Off Uptime	57m22.767s
Userspace Wakelock Time	31m41.307s
Kernel Overhead Time	25m41.46s
Mobile KBs/hr	0.00
WiFi KBs/hr	12912.14
Mobile Active Time	0
Signal Scanning Time	2.136s

图 2-14 System Stats

Historian 2.0 是耗电的统计图，横坐标是时间，纵坐标是电量百分比，鼠标落到曲线上，变颜色的部分代表 1% 的耗电区间，如图 2-15 所示。

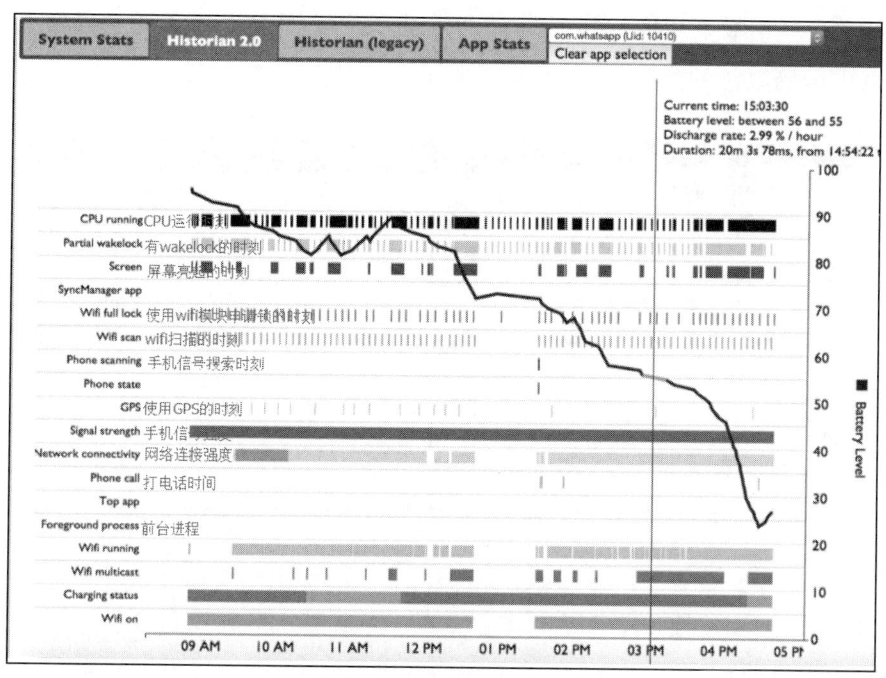

图 2-15　Historian 2.0

App Stats 选着单个应用，查看这个应用方的耗电情况，如图 2-16 所示。

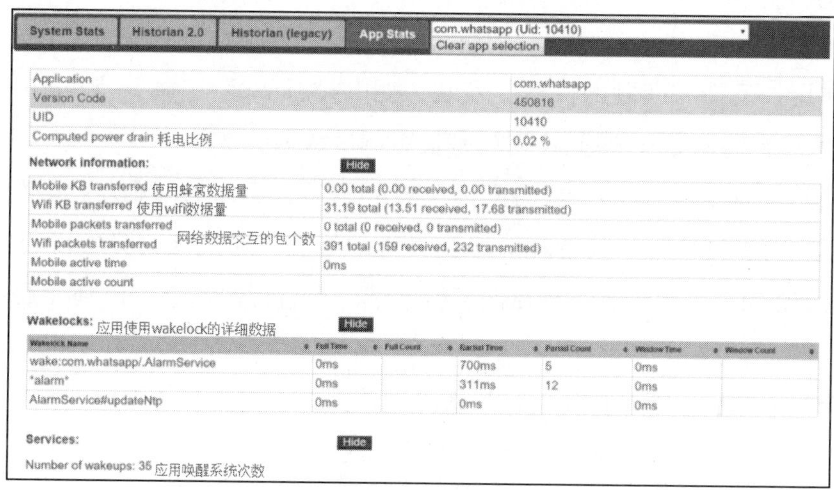

图 2-16　App Stats

3. 案例分享

【例 2-4】工具有效帮助开发提高电量问题的定位效率

手机管家 V3 版本灰度发布后有个别内部用户反馈手机管家耗电异常，经常排行在耗电排行榜第一的位置，如图 2-17 所示。

图 2-17 管家耗电异常

正好专项组刚刚把工具“耗电排行 2.0”及原理分享到项目团队，此次的问题追查，开发人员使用工具高效率的定位到了问题方向，最终解决了问题。

优化效果：修改问题后，待机 12 个小时左右，管家电量消耗从 354mAh 减少到 48mAh，减少了 86%。

问题解决过程：

1）在用户反馈有问题的机型上安装“耗电排行 2.0”工具，待机 10 小时，测试手机管家后台待机 CPU 时间片消耗是长版测试数据的 277 倍。

2）通过工具定位到是 CPU 时间片消耗异常后，后面的问题就比较好解决了。通过获取线程的 CPU 时间片消耗，抓到异常的线程。通过观察异常线程基本是每秒钟都在消耗 CPU，推测是一直在循环做事情。通过代码搜索定位到导致死循环的代码问题。

3）修复问题后，管家功耗接近长版测试数据，如图 2-18 所示。

图 2-18　管家功耗测试数据

【例 2-5】明确系统接口使用方法，减少电量消耗

在手机管家 V4 的灰度版本测试中，发现网络切换广播事件比较多。在公司无线网络环境中进行 1 小时后台待机，管家由于监听到网络切换广播而消耗掉的 CPU 时间片为 1581jiffies（时间片）。

对于这个广播，最初的理解是只有在发生网络中断、网络切换才会发出。通过测试发现，连接公司的无线网络，在客户端接收到 CONNECTIVITY_ACTION 事件广播时，读取到的网络信息并没有发生改变。但由于监听到了广播，上层代码还是会去执行相应操作，从而白白消耗掉 CPU 时间片，直接导致电量的消耗。

究竟是什么条件触发了这个广播？应用直接通过监听系统提供的 CONNECTIVITY_ACTION 事件去触发上层代码逻辑是否恰当？为了解决这些问题，专项测试组从 Android 源码追查根源，进行分析。

优化效果：1 小时的后台待机测试，管家在网络切换部分 CPU 时间片消耗减少到 3jiffies。与修改前的版本相比较，时间片消耗减少了 99.8%，电量消耗从 6.096mAs 减少到 0.01mAs。

分析解决过程：

1）广播是由 Android 系统监听到相应事件发出的，那么我们就从 ROM 源码入手，查找触发广播的原因。首先，我们在 ROM 源码中查找广播发送的方法：

```
private void sendConnectedBroadcastDelayed(NetworkInfo info, int delayMs) {
    sendGeneralBroadcast(info, CONNECTIVITY_ACTION_IMMEDIATE);
    sendGeneralBroadcastDelayed(info, CONNECTIVITY_ACTION, delayMs);
}
```

2）找到方法后，继续跟踪到底是由哪些地方触发到广播的发出。通过在方法中增加打印函数调用栈信息的语句来追踪触发的源头：

```
private void sendConnectedBroadcastDelayed(NetworkInfo info, int delayMs) {
    sendGeneralBroadcast(info, CONNECTIVITY_ACTION_IMMEDIATE);

    java.util.Map<Thread, StackTraceElement[]> ts = Thread.getAllStackTraces();
    StackTraceElement[] ste = ts.get(Thread.currentThread());
    for (StackTraceElement s : ste){
        Slog.e("NetworkChangeTestLog", "sendConnectedBroadcast:" + s.toString());
    }

    sendGeneralBroadcastDelayed(info, CONNECTIVITY_ACTION, delayMs);
}
```

3）在 Ubuntu 环境中重新编增加了调试信息的 ROM，通过待机测试，收集到触发条件，包括：网络切换（开关移动网络、移动网络切换 WiFi 网络）和环境的改变（无线路由的添加、VPN 连接成功、DHCP 租续）。

4）此次测试发现的频繁接收到网络切换广播，到底是由那个条件引起的呢？继续通过抓包采集数据做进一步的分析。通过抓包数据分析，发现在固定间隔手机和路由器会进行一次 DHCP 续租，每次续租的同时，客户端会接收到一条 CONNECTIVITY_ACTION 事件广播。

5）通过读源码，清楚了 CONNECTIVITY_ACTION 事件除了网络切换之外还有其他的比较多的场景触发，而且根据触发条件不同每次可能会有多条广播发出。而业务层的实际需求暂时只是需要监听到网络断开或切换事件的广播。

6）最终，开发人员在框架的广播服务中新增一个事件，在满足业务需求的前提下过滤掉了大部分的系统广播。

【例 2-6】预估功耗，协助把控产品需求的增加

在 V4 版本中，管家有计划增加“连接 WiFi 后自动上报 GPS 定位信息”的新功能。定位方法采用 GPS 定位、基站定位和网络定位。产品在设计功能逻辑前，需要明确该功能对管家整体耗电量的影响。

测试结论：

- 使用 GPS 定位，在不考虑有数据上报的情况下，按照 1 天定位 10 次计算，电量消耗大约为 3250mAs，占管家 1 天电量消耗的 4.79%。
- 使用基站定位，按照 1 天定位 10 次计算，电量消耗大约为 62mAs，占管家 1 天电量消耗的 0.1%。
- 由于使用 GPS 定位，电量消耗明显；使用基站定位，后续需要根据上报内容进行地址转换，这块功耗暂时无法确定；使用网络定位，在很多机型上不支持。由于三种方法均有明显缺陷，并且产品需求不强烈，所以最后确定这块功能不增加。

【例 2-7】手机没有安装什么应用，耗电快

经常会有朋友说：“我的手机什么也没有安装，也使用了一键清理，手机放在兜里还会发烫，电池不经用。”

分析：这就是人的主观意识，觉得手机没有实际使用就不应该耗电，而忽略了“智能”手机在没有操作的时候也是可以自行运行的，它为了保证使用者的体验，会在后台调整最好的姿势。在这个案例中，我们在终端使用命令 adb shell dumpsys batterystats > battery.txt 把这一段时间和电量相关的数据保存到文件 battery.txt 文件中，使用文本查看，发现有一段时间内手机的联网方式一直在变化，如图 2-19 所示。

这个手机在这三分钟之内切换了 17 次联网方式，手机在频繁切换联网，产生这种现象的可能原因有：1）这段时间所处的环境中网络信号不好；2）手机刷的基带不匹配。

【例 2-8】手机应用没有动作，耗电快。

与案例 2-4 的现象差不多，手机运行一个小时，这个时间段内所应用的运行时间，前台运行，后台持锁，CPU 运行状态如下：并没有异常，但是手机耗电很快。

```
-5h42m07s652ms 092 46023040 volt=4187 data_conn=umts
-5h42m06s512ms 092 46028040 data_conn=hsdpa
-5h41m41s968ms 092 4602f040 data_conn=hspap
-5h41m30s787ms 092 46028040 data_conn=hsdpa
-5h41m26s412ms 092 4602f040 data_conn=hspap
-5h41m20s674ms 092 46028040 data_conn=hsdpa
-5h41m09s954ms 092 4602f040 data_conn=hspap
-5h41m04s271ms 092 46028040 data_conn=hsdpa
-5h40m41s801ms 092 4602f040 data_conn=hspap
-5h40m35s148ms 092 46028040 data_conn=hsdpa
-5h40m12s842ms 092 4602f040 data_conn=hspap
-5h40m07s560ms 092 46023040 temp=287 data_conn=umts
-5h40m06s137ms 092 46028040 data_conn=hsdpa
-5h40m04s113ms 092 4602f040 data_conn=hspap
-5h39m58s452ms 092 46028040 data_conn=hsdpa
-5h39m54s122ms 092 46128040 +screen
-5h39m42s272ms 092 4612f040 data_conn=hspap
-5h39m37s545ms 092 4612f040 volt=4146
-5h39m33s608ms 092 46128040 data_conn=hsdpa
-5h39m21s069ms 092 46028040 -screen
```

图 2-19 手机一段时间的状态图

record_begin_time	record_ti	pkg_name	gps_open_	wakelock_	total_rur	foreground_time	wakelock_time	cpu_run_time	wifi_scar
1442102273	3804	com.tencent.mm	0	161	991	13	90	24	0
1442102273	3804	com.tencent.qqmusic	0	45	990	0	5	9	0
1442102273	3804	com.tencent.qqpimsecure	0	2	990	24	0	43	9
1442104309	3924	shareduser_android.uid.system	0	140	2355	0	53	248	0
1442104309	3924	shareduser_android.uid.phone	0	413	0	0	7	21	0
1442104309	3924	shareduser_android.uid.bluetoo	0	0	3923	0	0	0	0
1442104309	3924	shareduser_android.uid.nfc	0	11	3923	0	0	0	0
1442104309	3924	shareduser_android.uid.calenda	0	0	3923	0	0	0	0
1442104309	3924	com.tencent.qrom.contactssecur	0	0	3923	0	0	2	0
1442104309	3924	com.tencent.qrom.qlauncher	0	0	3923	21	0	5	0
1442104309	3924	shareduser_android.uid.systemu	0	0	0	0	0	16	0
1442104309	3924	com.tencent.theme	0	0	3923	0	0	1	0
1442104309	3924	com.tencent.qrom.qweatherservi	0	3	3923	0	0	1	0
1442104309	3924	com.tencent.qrom.account	0	0	0	0	0	2	0
1442104309	3924	com.tencent.qrom.alarmClock	0	4	0	0	0	1	0
1442104309	3924	com.tencent.qrom.datausage	0	0	3922	0	0	13	0
1442104309	3924	com.tencent.qrom.otaupdater	0	3	3923	0	0	2	0
1442104309	3924	com.tencent.qrom.tms.tcm	0	4	3923	0	0	13	0
1442104309	3924	shareduser_qrom.uid.shared	0	0	3923	0	0	1	0
1442104309	3924	com.google.android.inputmethoc	0	0	3923	0	0	1	0
1442104309	3924	com.baidu.tiebar	0	0	3923	0	0	4	0
1442104309	3924	com.tencent.mobileqq	0	21	3923	82	0	39	0
1442104309	3924	com.sina.weibo	0	15	2536	82	1	65	0

record_begin_time	record_ti	standby_t	total_scr	total_scr	run_time	pos	type_name	wakelock_times	wakelock_
1442104309	3924	0	201	3723	3924	9	GPSD	0	3924
1442104309	3924	0	201	3723	3924	10	exynos5-fb.1	4	200
1442104309	3924	0	201	3723	3924	11	event1-3066	1241	
1442104309	3924	0	201	3723	3924	12	sec-battery-vbus	0	4
1442104309	3924	0	201	3723	3924	13	event15-3066	40	
1442104309	3924	0	201	3723	3924	14	battery	130	
1442104309	3924	0	201	3723	3924	15	umts_ipc0	1072	581
1442104309	3924	0	201	3723	3924	16		276	4
1442104309	3924	0	201	3723	3924	17	rpm_hsic	2784	185
1442104309	3924	0	201	3723	3924	18	muic wake lock	0	1
1442104309	3924	0	201	3723	3924	19	event14-3066	16	

图 2-20 手机应用没有动作，耗电快

分析：通过图 2-20 上面一个表格，并不能看出哪个应用持有了锁或者持有传感器或者使用 WiFi 扫描导致了系统异常耗电。通过终端输入命令 adb shell batterystats，能确定手机这个时间段是没有休眠的，把这个时间段内系统的所有内核锁使用情况汇总如图 2-20 下面一个表格，能发现 GPSD 内核锁一直存在，没有被释放，导致了系统不休眠，造成异常耗电。

2.2　电量优化方法

以上从硬件和软件两种测试方法介绍了我们在功耗优化上做的工作，所谓条条道路通罗马，我们所做的只是冰山一角，相信有其他更多更好用的测试方案。针对不同的测试对象，选取合适的测试方式及测试工具，才能够达到监控优化电量消耗的目的。

在这一章节，笔者根据多次在项目电量优化中的实际经验与电量统计的理论知识，提供几条优化方法，供大家参考，希望在这些方面避免跳入耗电的大坑。

2.2.1　优化方法一：CPU 时间片

当应用退到后台运行时，尽量减少应用的主动运行。

当检测到 CPU 时间片消耗异常时，深入线程分析：通过获取运行过程中线程的 CPU 时间片消耗，去抓取消耗时间片异常的线程，通过线程去定位相应代码逻辑。

使用 DDMS 的 traceview 工具：获取进程运行过程的 traceview，定位 CPU 占用率异常的方法。

2.2.2　优化方法二：wake lock

前台运行时，不要去注册 wake lock。此时注册没有任何意义，却会被计算到应用电量消耗中。

后台运行时，在保证业务需要的前提下，应尽量减少注册 wake lock。

降低对系统的唤醒频率。使用 partial wake lock 代替 full wake lock，因为屏幕的亮起，也会消耗手机电量。

在注册后，也要注意及时释放，否则锁的持有时间会被一直计算到电量消耗中。

2.2.3 优化方法三：传感器

在用“耗电排行 2.0”工具时，发现目前被应用使用最多的传感器就是 GPS 传感器。Google 官方 ROM 对 GPS 模块定义的基础电量值是 90mA。所以合理地设置 GPS 的使用时长和使用频率，也能降低手机电量的消耗。

2.2.4 优化方法四：云省电策略

因为手机使用场景的复杂性，用户习惯的多样性，环境的随机性，导致了很难定位用户异常耗电的根本原因，为了弄清用户在怎样的环境中，在怎样的使用场景中有异常耗电，可以考虑使用定期上报灰度用户手机电量数据的方式来分析问题。

最终是要在这茫茫数据中找出哪些用户的功耗是异常的；并对用户行为进行分析，找出异常耗电的根源；再从异常耗电的用户的耗电场景中总结出同一性的异常耗电场景加以适当的控制。

根据被测对象的特性，建立筛选标准。并借助自动化实现每日监控，对用户数据进行分析，以调整产品策略，最终实现产品功耗的优化。

2.3 本章小结

本章从应用层面到系统层面，从硬件测试方法到软件测试方法，结合多个案例多方面介绍电量测试的切入点和测试方法以及测试原理。

本章介绍的几个软件测试工具，GT、PowerStat 以及 BatteryHistorian 都是基于 Android 系统本身就有的接口。可以看出基本的测试思路都是项目遇到性能瓶颈时，首先从系统方面入手，是否有合适的监控手段，然后在根据官方的意见去优化，总结。

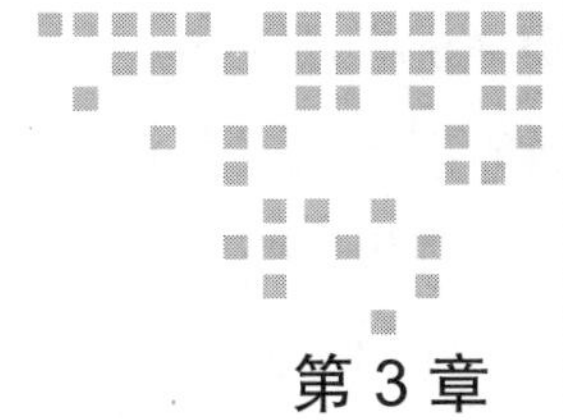

第3章 Chapter 3

怎样才能如丝般顺滑——流畅度评测

对于任何产品来说，流畅度的重要性都不言而喻，它可以说是用户与产品交互的第一门面。流畅度的好坏，对一个产品的体验和口碑有着极大的影响。众所周知，当年Android手机经常被人诟病的一点就是流畅度远远比不上iPhone，即使到了现在，这个印象依然存在。为了提升流畅度，Google对Android系统进行了大量的优化，包括使用GPU进行硬件加速，引入VSync机制，把Dalvik换成art等。本章就来说说我们测试优化自己产品流畅度的方法。首先会重点说到使用FPS测试流畅度的不足之处，我们如何针对FPS的不足之处对测试流畅度的方法进行改进，让流畅度的测试结果更加准确。然后介绍如何定位产品流畅度的问题。最后总结流畅度的优化方法以及如何在开发过程中规避流畅度降低的问题。

3.1 流畅度评测方法介绍

说到流畅度的评测，相信大部分人第一时间都会想到FPS。是的，当前业界衡量一个App是否流畅的主要指标就是FPS。但是可能也有部分有经验的同学会发现用FPS测试App流畅度的时候，会存在测试数据和实际感官不一致的问题。比如有时候FPS很低，但是App看起来确实很流畅，特别是用于浏览器、手机应用市场等工具类 App 测试的时候，经常会发现 FPS 和流畅度对不上的问题。这个问题曾经在某段时间内也一直在困扰我们团队，导致我们的测试结果经常被挑战和质疑。所以我们一直想找到一个比较好的和客观的方法来评测 App 的流畅度，通过研究 Android 的机制和源码，我们最终找到一种新的评测方法来替代 FPS，我们把这种新的方法命名为**流畅度**（Smoothness，SM）。

我们先简单说说 FPS 到 SM 的演变过程。

之前部门内的某个产品负责人找到我们，希望我们能测试他们产品的流畅度情况，于是我们立即提枪上马，用 FPS 去测试他们产品的流畅度，测试数据出来之后，我们把数据整理成了折线图，如图 3-1 所示。

从图 3-1 中的测试结果来看，该产品的流畅度非常差，因为现在的 App 每秒中最多能绘制 60 帧，而图中有不少的 FPS 值都在 30 帧以下，而且波动很大，说明经常出现卡顿的情况。

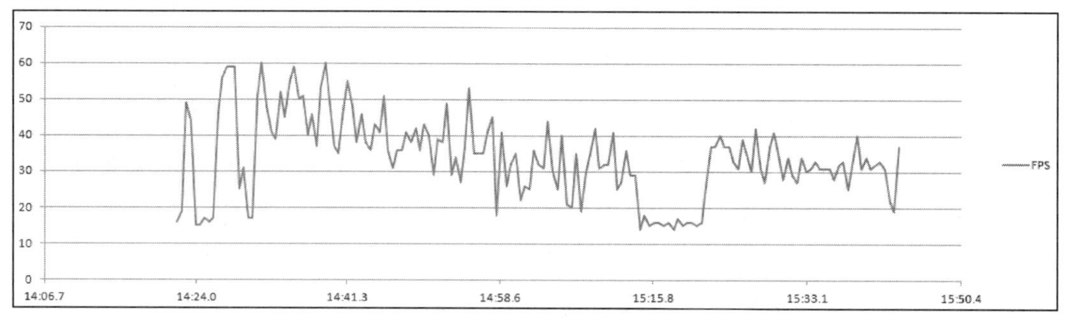

图 3-1 某应用浏览页面时的 FPS 值

但是，在实际测试过程中，我们发现这个产品并没有这么卡，所以对于这个结果我们觉得非常迷惑。比如在 15:15 秒左右这个时间，FPS 只有 18，而我们测试的时候并没有发生卡顿的情况，但是 FPS 值却非常低，这种情况让我们感到费解。还有一种情况，当我们停止测试的时候，按道理来说，FPS 值也应该停止不动，但是实际的情况并非如此，FPS 还一直在波动，这也让我们觉得很奇怪。

所以在用 FPS 测试 App 流畅度的过程中，我们碰到两个问题：

1）为什么有时候 FPS 很低，但是我们却不觉得 App 卡顿？

2）App 停止操作之后，FPS 还是一直在变化，这样的情况是否会影响 FPS 的准确度？

当时带着这两个问题，我们去研究系统获取 FPS 的原理，看看是否能从中找到导致这两个问题的原因。系统获取 FPS 的原理是这样的：手机屏幕显示的内容是通过 Android 系统的 SurfaceFLinger 类，把当前系统里所有进程需要显示的信息合成一帧，然后提交到屏幕进行显示。FPS 就是 1s 内 SurfaceFLinger 提交到屏幕的帧数。

显然，根据这个原理，我们就能解答上面的两个问题：

1）有时候 FPS 很低，我们却感觉不到卡顿，是因为如果你的 App 在 1s 内只有 30 帧的显示需求，比如画一个动画只画了 0.5 秒就画完了，那么 FPS 最高也只有 30 帧 / 秒，但这并不代表它是卡顿的。而如果屏幕根本没有绘制需求，即屏幕显示的画面是静止的，那 FPS 就为 0。

2）App 停止操作后 FPS 还一直变化，是因为屏幕每一帧的合成都是针对手机里的所有进程，那么即使你的 App 停止了绘制，手机里其他进程可能还在绘制，比如通知栏的各种消息，这会导致 FPS 继续变化。从这里我们也能看出，在测试的时候，其他的进程对 FPS 也是有影响的。

通过上面的分析，我们发现用 FPS 来衡量 App 的流畅度，很多时候并不准确。所以我们想要找到一种靠谱的方法来衡量 App 的流畅度。通过上面研究 FPS 的获取原理，我们对 Android 的绘制显示系统有了初步的了解，然后我们再对 Android 的绘制显示系统进行进一步的分析，终于找到了一种全新的衡量流畅度的方式，就是我们上面说的 SM。

下面我们就一步步介绍 SM 是怎么来的，以及为什么用 SM 能够客观地衡量 App 的流畅度。

3.2　流畅度

我们首先深入了解 Android 绘制机制和原理，让人觉得“卡”的真正的原因何在。

1. 先从 VSync 开始

Android 4.1(JB) 引入了 VSync 机制，是 Vertical Synchronization（垂直同步）的缩写，是一种在 PC 上早已广泛使用的技术，可以简单地把它认为是一种定时中断。

图 3-2 是在 VSync 机制下的绘制过程。从图中看 CPU 和 GPU 处理时间都很快，都少于一个 VSync 的间隔，也就是 16ms ；并且每个间隔都有绘制的情况下，那么当前的 FPS 即是 60 帧。

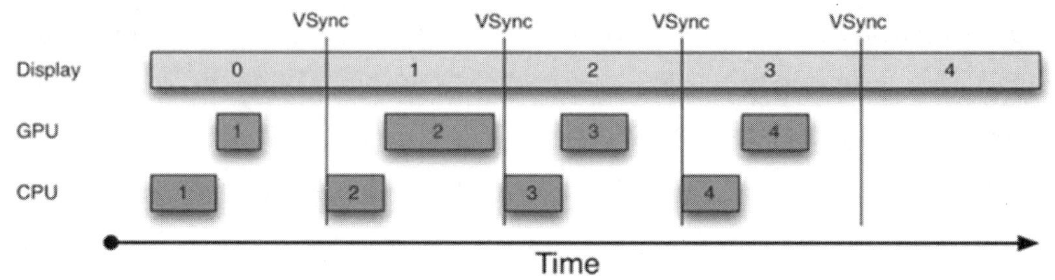

图 3-2　VSync 机制下 CPU 和 GPU 处理时间快的绘制过程

当 CPU 和 GPU 处理时间都很慢或者因为其他的原因，比如在主线程中干活太多，那么就会出现如图 3-3 所示的状况。

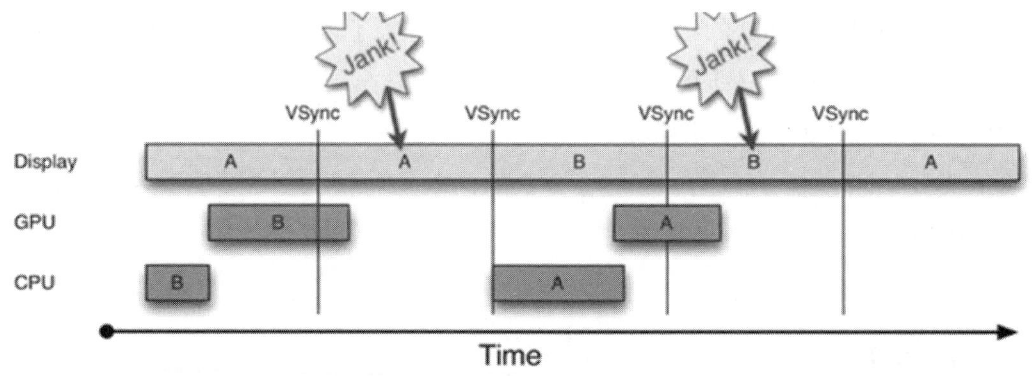

图 3-3　绘制过程中的丢帧

从图 3-3 可以看到 CPU 和 GPU 处理时间因为各种原因比较慢，都大于一个 VSync 的间隔（16ms），那么可以看到在第二个 VSync 还在处理 A 区域的绘制，这样就不可能实现理论上的 FPS=60 了。同时也出现了丢帧（Skipped Frame，SF）。

图 3-3 为了便于理解用的是双 Buffer 机制的情况，实际上 Android 4.1 引入了 Triple Buffer，所以当双 Buffer 不够用时 Triple Buffer 丢帧的情况如图 3-4 所示。

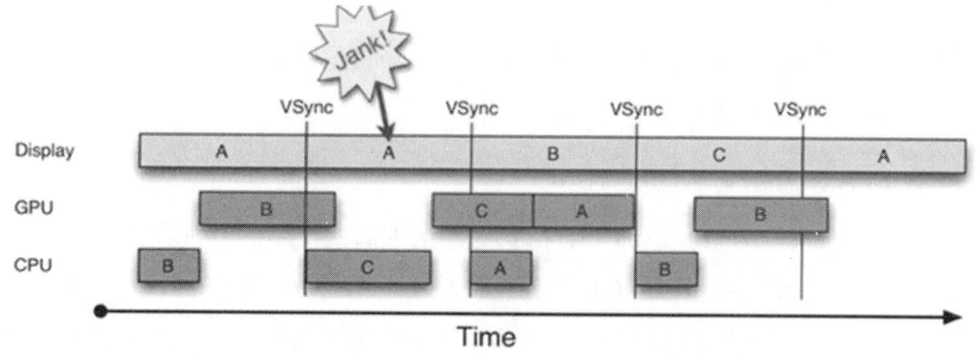

图 3-4 TripleBuffer 的绘制过程

相信大家都看晕了吧，那打个比方讲得通俗点。

VSync 机制就像是一台转速固定的发动机（60 转 /s），每一转带动着去做一些 UI 相关的事情，但不是每一转都会有工作去做(就像有时在空挡，有时在 D 档)。有时候因为各种阻力某一圈工作量比较重，超过了 16.6ms，那么这台发动机这秒内就不是 60 转了；当然也有可能被其他因素影响，比如给油不足（主线程里干的活太多）等，就会出现转速降低的状况，我们把这个转速叫作流畅度。

2. 说好的 24 帧就够了呢？

如上所述，Android 无跳帧的状况是跑满 60 帧。实际上目前大部分游戏也都在追求 60 帧，那么为什么 App 和游戏 60 帧才觉得流畅？但是大部分电影都是 24 帧（目前电影主流为 48 帧）就觉得很不错了？电影虽然只有 24 帧或更低，但是每一帧都包含了一段时间的信息。一个电影在一段时间内曝光，画面的每一帧过程是连续的，最长不会超过 1/24 秒，所以视频中每一帧渲染（呈现）都是匀速的。这样观看电影（视频）的人适应这个渲染速度的预期。反观游戏或者 App 每一帧表示了当前瞬间的状态，每帧渲染时间决定了游戏或者 App 的 FPS。而游戏和 App 的每帧渲染时间都是不同的，会给人一个随时在变化的预期。为了解决这个问题，早在 20 世纪 90 年代就出现了垂直同步机制来让游戏和 App 拥有类似电影一样的匀速渲染的预期。OK，快接近事实真相了，按照上面所说人为什么会觉得卡？主要是因为不符合你给出的上一个渲染时间“预期”。在没有垂直同步时游戏的单帧绘制波动，会给人卡的感觉。在垂直同步机制情况下丢帧就是给人卡顿感觉的元凶。同理，在具备 VSync 的 Android 上也可以这么认为。

为什么我们不用丢帧这个数据来作衡量 App？原因比较简单，测试和考试类似，数据是正向的，至少有个满分吧。

3. 从 FPS 和丢帧到流畅度（SM）

实际上，在我们的很多 Android App 中，很少需要不断地绘制场景，很多时候都是静态的。也就是会出现这样的状况，虽然 1s 中 VSync 的 60 个 Loop 中不是每个都在做绘制的工作，FPS 比较低但并不能代表这个时候程序不流畅（如我将 App 放在那不动实测 FPS 为 1）。所以 FPS 为 1 这个数并不能代表当前 App 在 UI 上界面不流畅，所以 1s 内 VSync 这个 Loop 运行了多少次更加能说明当前 App 的流畅程度。所以另两个指标比 FPS 更加能代表当前的 App 是否处于流畅的状态。同样这两个指标更加能够量化 App 卡顿的程度：

1）如图 3-3 所示情况应该在 16ms 完成工作却因各种原因没做完，占了下 n 个 16ms 的时间，相当于丢了 n 帧。

2）和丢帧相对，在 VSync 机制中 1s 内 Loop 运行的次数。

  a）和丢帧相对，1s 内有 60 个 Loop，因为某几次工作时间超过了 16ms（丢帧），这样 Loop 就无法运行 60 次（理论最大值）。

  b）流畅度越低说明当前程序越卡顿。

4. 数数：如何得到流畅度（SM）

接着上面的结论，如果在这样的机制下每次 Loop 运行之前通知我，我记个数就好了。

很幸运我们在新的 Android 的那一套机制中找到了一个画图的打杂工——Choreographer 对象。根据 Google 的官方 API 文档描述，它用于协调 animations、input 以及 drawing 的时序，并且每个 Looper 共用一个 Choreographer 对象。

Choreographer 的定义和结构如图 3-5 所示。

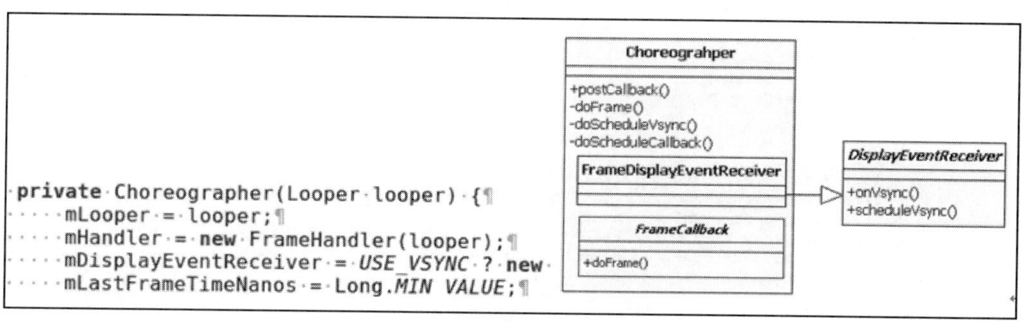

图 3-5　Choreographer 的定义和结构

我们的分析如下：

- Choreographer 是线程单例的，而且必须要和一个 Looper 绑定，因为其内部有一个 Handler 需要和 Looper 绑定。
- DisplayEventReceiver 是一个抽象类，其 JNI 的代码部分会创建一个 IDisplayEventConnection 的 VSync 监听者对象。这样，来自 EventThread 的 VSync 中断信号就可以传递给 Choreographer 对象了。当 VSync 信号到来时，DisplayEventReceiver 的 onVsync 函数将被调用。
- DisplayEventReceiver 还有一个 scheduleVsync 函数。当应用需要绘制 UI 时，将首先申请一次 VSync 中断，然后再在中断处理的 onVsync 函数去进行绘制。
- Choreographer 定义了一个 FrameCallback 接口，每当 VSync 到来时，其 doFrame 函数将被调用。这个接口对 Android Animation 的实现起了很大的帮助作用。以前都是自己控制时间，现在终于有了固定的时间中断。
- Choreographer 的主要功能是，当收到 VSync 信号时，去调用使用者通过 postCallback 设置的回调函数。目前一共定义了三种类型的回调，它们分别是：
  - CALLBACK_INPUT：优先级最高，与输入事件处理有关。
  - CALLBACK_ANIMATION：优先级其次，与 Animation 的处理有关。
  - CALLBACK_TRAVERSAL：优先级最低，与 UI 等控件绘制有关。

Choreographer 的 doFrame 的实现如下：

```
void doFrame(long frameTimeNanos, int frame) {
    final long startNanos;
    synchronized (mLock) {
        if (!mFrameScheduled) {
            return; // no work to do
        }

        startNanos = System.nanoTime();
        final long jitterNanos = startNanos - frameTimeNanos;
        if (jitterNanos >= mFrameIntervalNanos) {
            final long skippedFrames = jitterNanos / mFrameIntervalNanos;
            if (skippedFrames >= SKIPPED_FRAME_WARNING_LIMIT) {
                Log.i(TAG, "Skipped " + skippedFrames + " frames!  "
                        + "The application may be doing too much work on its main thread.");
            }
            final long lastFrameOffset = jitterNanos % mFrameIntervalNanos;
            if (DEBUG) {
                Log.d(TAG, "Missed vsync by " + (jitterNanos * 0.000001f) + " ms "
                        + "which is more than the frame interval of "
                        + (mFrameIntervalNanos * 0.000001f) + " ms!  "
                        + "Skipping " + skippedFrames + " frames and setting frame "
                        + "time to " + (lastFrameOffset * 0.000001f) + " ms in the past.");
            }
            frameTimeNanos = startNanos - lastFrameOffset;
        }
```

截取了其中一段关于绘制和丢帧处理和判断的，后面一段是回调INPUT、ANIMATION和TRAVERSAL，对本次没什么意义不全部截取了。其中postFrame-Callback（Choreographer.FrameCallback callback）注册一个回调，每当下一帧到来时都会通知我们。所以就可以直接在回调Choreographer.FrameCallback中的doFrame方法时通知我们，我们去简单地数数就好了，然后按秒做统计。

经验总结

1）根据了解文档发现Android 4.1引入了VSync机制可以通过其Loop来了解当前App最高绘制能力，其机制如下：

- 固定每隔16.6ms执行一次（这个值是一个静态变量会根据系统版本不同而采用不同的值，目前测试版本是16.6ms，这样最高刷新的帧率就控制在60FPS以内）。
- 如果没有以上事件的时候同样也会运行这样一个Loop。
- 所以这个Loop在1s之内运行了多少次，即可以表示当前App绘制的最高能力，也就是Android App卡顿的程度。
- 在一次Loop时如果执行时间超过了16.6ms，那么多于16.6ms的时间除以16.6ms，即是当前App的丢帧情况。）

- 上面2个指数理论上都可以表示当前App卡顿的程度，但是因为SM是一个连续的过程，SF是非连续的，所以建议采用SM作为客观指标来描述App卡的程度。

2）根据对Google文档和Android源码研究得知，Choreographer对象在VSync机制中用于协调App的animations、input和drawing的类。每个Looper共享一个对象（单键模式）。

3）注册Choreographer中的postFrameCallback回调，会在每一轮之前回调到FrameCallback，在这里可以计数表示当前App的流畅度，计数的结果就是SM。

3.3　真的？用SM就够了吗

下面我们用几个App的SM和FPS对比一下。

1. 测试数据 & 分析

首先，我们为了把感官和人的感受对应上，特意把主动感官分数对应到以下几种描述，如表3-1所示。

表3-1　流畅度主观评分标准

流畅度主观评分	描　述
4～5	界面滑动流畅 并且能够快速响应用户输入(各种操作)
3～4	界面滑动顿挫感 并且能够及时响应用户输入(各种操作)
2～3	界面滑动明显顿挫感 响应用户输入(各种操作)有种慢半拍的感觉
1～2	界面滑动明显画面跳跃感 响应用户输入(各种操作)有严重的延迟
0～1	界面不能动了

【例 3-1】某应用浏览图片，看看流畅度（SM）和丢帧（SF）之间的关系。这个数据是用某应用浏览图片时采集的。

因为丢帧是个不连续的过程，所以后面的图中丢帧都是以点来表示其离散的状态，如图 3-6 所示。

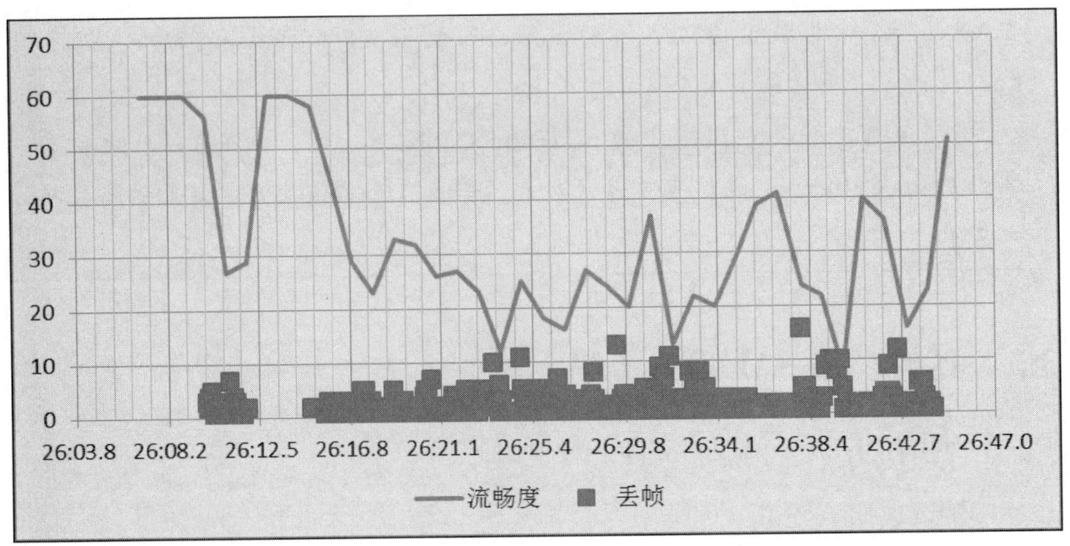

图 3-6 浏览图片的场景

从图中可以看出：

1）丢帧（SF）越多，流畅度（SM）越低。

2）26:16 秒后到 26:42 之间流畅度很低并且丢帧最密集，在这段期间流畅度主观评分为 2.5 分。

再看看这期间流畅度、丢帧和主观评分的对应关系：

主观评分	流畅度均值	丢帧均值
2.50	25.26	34.15

【例 3-2】某应用看图片，引入 FPS 看看这三者之间的关系。某应用看图片的过程中主观感受也为 2.5 分，如图 3-7 所示。

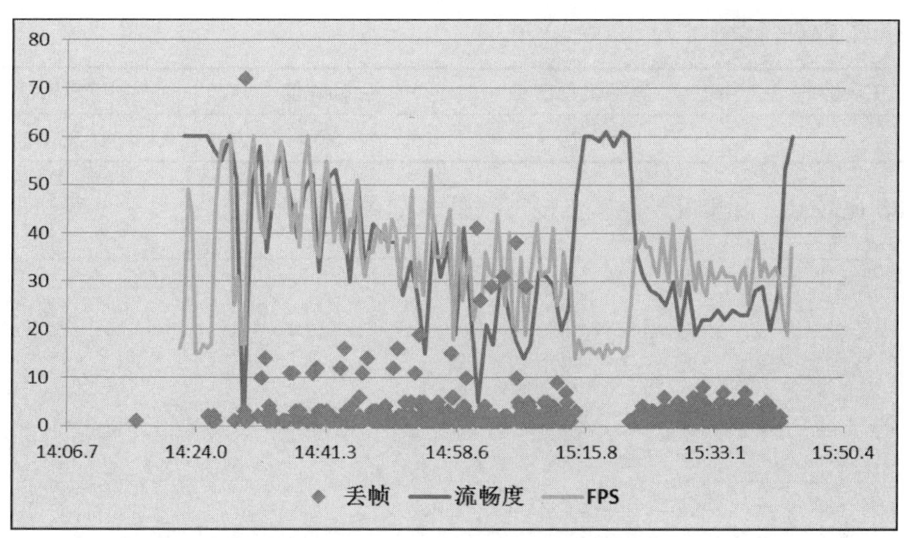

图 3-7　SM、SF 和 FPS 整体感受

引入了 FPS 数据后，从图 3-7 可以看出，虽然 FPS 曲线和 SM 曲线差不多而且同样受丢帧的影响，但里面有几段比较奇怪的地方：

1）流畅度（SM）很高 FPS 比较低，且无丢帧情况，当时静止在某个界面没有动，此时主观评分应该在 4.5 左右。

2）FPS 比较高，丢帧很严重，流畅度很低，当时在不断刷新多幅图片，主观评分应该在 2.0 分以下。

把这两部分数据放大看，如图 3-8 所示。流畅度很高，FPS 比较低，无丢帧。

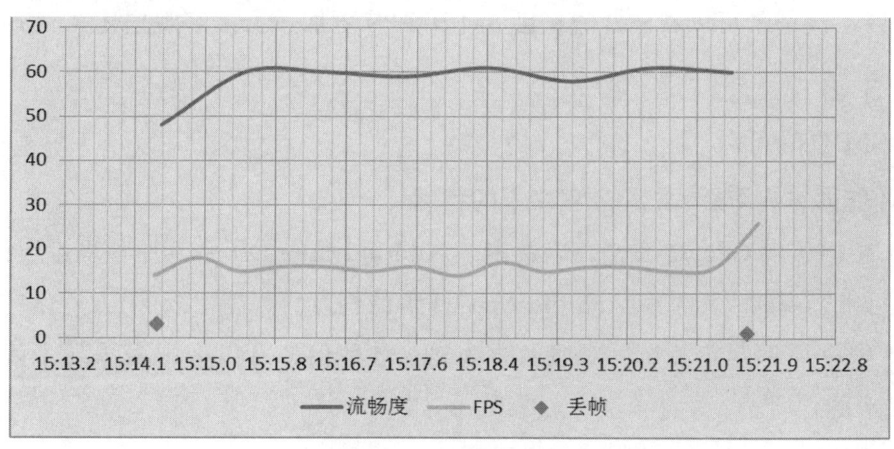

图 3-8　局部放大图 a

本场景数据统计：

主观分	流畅度均值	丢帧均值	FPS 均值
4.5	58.375	0.5	16.33333

FPS 比较高，丢帧很严重，流畅度很低，如图 3-9 所示。

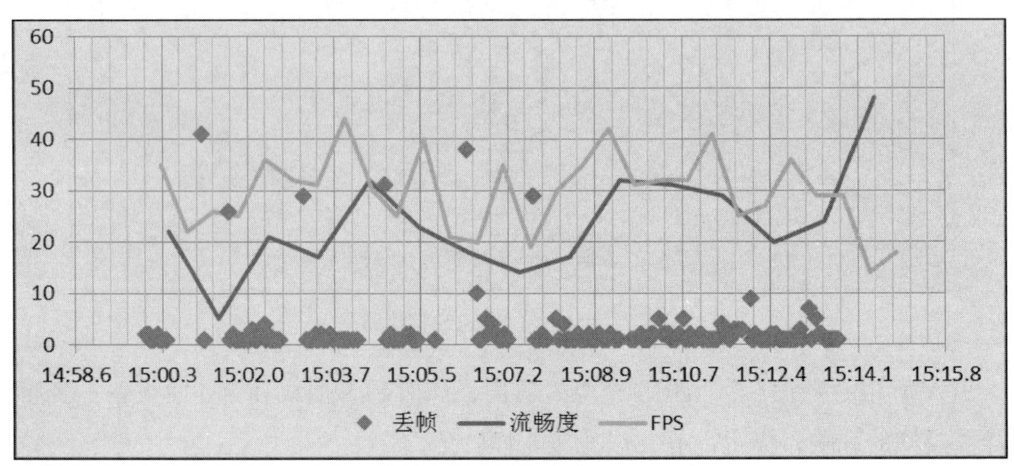

图 3-9　局部放大图 b

本场景数据统计：

主观分	流畅度均值	丢帧均值	FPS 均值
2	23.53	33.8	29.72414

所以从次场景可以看出，流畅度 SM 比 FPS 更加适合来客观描述 Android App 卡的程度。

2. SM 真的可以

SM 能够客观衡量 Android 程序卡的程度：

1）根据了解 Google 文档，以及走读 Android 源码，了解其原理理论上证实这个数值可以客观的表示某个 Android App UI 卡的程度。

2）根据原理制定测试，观察数据发现 SM 数值，可以客观表示某个 Android App UI 卡的程度。

能够客观描述 Android 程序卡的程度：

1）根据了解 Google 文档以及走读 Android 源码，了解其原理，理论上证实这个数值同样可以客观的表示 Android App UI 卡的程度。

2）根据原理制定测试观察数据发现 SF 数值可以客观表示某个 Android App UI 卡的程度。

3）但是由于这项数据不是连续的而是离散的，所以可以作为辅助数据之一。

当把 App 静置在某个界面时流畅度很高，FPS 比较低。无丢帧情况下流畅度和丢帧两个数据更加接近于人对“卡顿”的主观感受：

1）在 App 有界面变化时 FPS 可以在一定程度上客观量化“卡顿”的主观感受，无变化是则无法反应。

2）无论 App 界面是否变化时，流畅度和丢帧都可以客观量化“卡顿”的主观感受。

3）建议在量化人对“卡顿”的主观感受以流畅度（SM）为主 FPS，丢帧（SF）作为辅助指标。

以上客观数据（SM、SF 以及 FPS）如何更好利用，将其量化出的“卡顿”的数值对应到人具体主观感受，需要进异步统计以及运算摸索。

OK，经过一番努力，我们终于找到了一种全新的指标 SM 去评测 App 的流畅度。这样就解决了之前 FPS 不能十分准确地衡量 App 流畅度的问题。

接下来我们就通过一个案例看看怎么去优化 App 的流畅度。

3.4　流畅度优化案例

某天我们论坛在收集用户意见反馈的时候，发现用户对于我们 App 的流畅度不是很满意，于是我们根据用户的反馈立刻用 SM 去测试我们 App 的流畅度，发现我们的 App 确实存在卡顿的问题，SM 均值只有 43。于是我们再用 SM 测试竞品的流畅度，发现竞品的 SM 均值在 52 左右，我们的流畅度比竞品差了 9 帧 / 秒，差距实在太大，所以我们需要快速解决我们 App 卡顿的问题。经过一系列的优化之后，我们的流畅度由原来的 43 帧 / 秒提高到了 53 帧 / 秒，已经超过了竞品的流畅度。优化完之后，我们还对流畅度做了自动化监控，保证每个版本流畅度的稳定性，让我们的每一个版本都能流畅地运行在用户的手机上。

回顾我们整个优化的过程，大概能总结成下面的四点：

1）首先通过 SM 对 App 的流畅度进行测试评估。

2）然后从最简单的 App UI 层入手，优化 App 的 UI 来提升流畅度。

3）接着通过 lint 静态扫描发现一部分代码中存在的性能问题，然后进行优化。

4）最后再进一步深入的分析和解决 App 逻辑层和 IO 层存在的问题。

3.4.1 通过 SM 评估 App 的流畅度

App 的 SM 数值可以通过 GT 里的插件去获取，详情请参考第 7 章的流畅度和 FPS 应用。

首先说一下通过 SM 值怎么去定义卡和不卡，根据经验和直观感受：

SM 值	卡顿情况
SM<=20	卡死
20 < SM <= 40	很卡
40 < SM <= 50	较卡
50 < SM <=60	不卡，流畅

如图 3-10 所示是我们产品的测试数据，可以看到 SM 均值是 43。

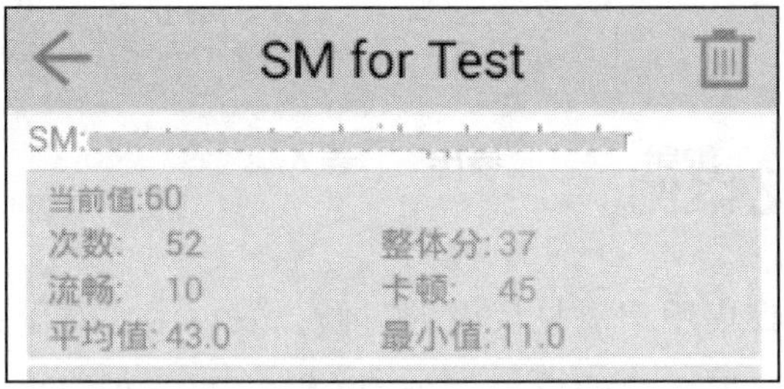

图 3-10　我们产品的 SM 数据

如图 3-11 所示的折线图是我们把 GT 里的 SM 数据从 SD 卡中导出后再画出来的。而竞品的 SM 均值达到了 52，如图 3-12 所示。

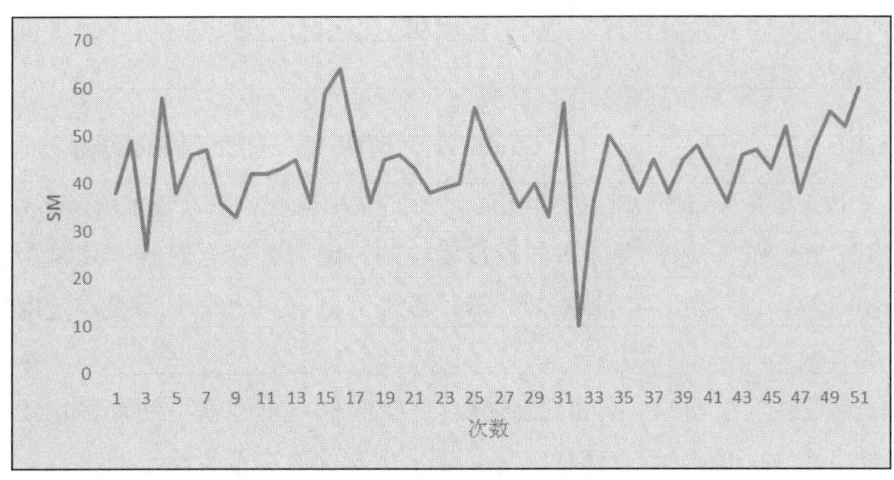

图 3-11　测试数据折线图

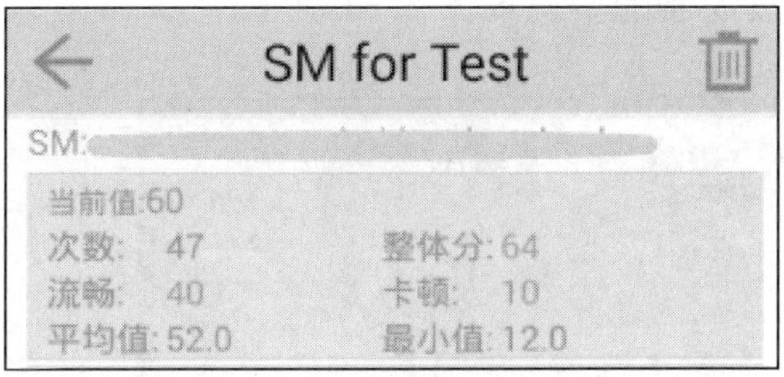

SM for Test
SM:
当前值:60
次数:　47　　整体分:64
流畅:　40　　卡顿:　10
平均值:52.0　　最小值:12.0

图 3-12　竞品的 SM 数据

从测试数据看出，我们的 SM 均值是 43，处于比较卡的区域。而竞品的 SM 均值是 52，处于流畅的区域。而从折线图来看，我们的 App 在滑动时 SM 值有较大幅度的上下波动，这就说明 App 滑动的时候，会出现滑一下卡一下的情况，这样会非常影响用户体验。确定了卡顿的情况之后，下一步我们就要想办法优化 App 的流畅度。首先想到的就是从最简单的 UI 层开始，看看能不能通过优化 UI 的方式来提升我们的流畅度。

3.4.2　从最简单的 UI 层优化入手

为什么会说优化 UI 层简单，因为 Google 很贴心地为我们提供了一套完整易用的工具去查找和分析 UI 的问题，最常用的包括 UI 过度绘制区域显示、Hierarchy Viewer 等。

下面我们就详细介绍这次发现的UI问题，包括UI过度绘制以及UI布局复杂和层级过深的问题。

1. GPU过度绘制+Trace for OpenGL，解决UI过度绘制的问题

在一开始发现App有卡顿的情况后，我们立马就先去看了我们的App是不是存在UI过度绘制的问题，为什么先看过度绘制？因为查看方便啊，只要在手机的开发者选项里打开过度绘制区域查看，我们就能立刻看到App是不是有过度绘制的情况。

那什么是过度绘制呢？过度绘制指的是在屏幕一个像素上绘制多次（超过一次），比如一个TextView后有背景，那么显示文本的像素至少绘了两次，一次是背景，一次是文本。

当时我们App过度绘制的情况如图3-13所示。

图3-13 APP过度绘制展示

过度绘制显示的每种颜色所表示的含义如表3-2所示。

表 3-2　颜色表示的含义

	Overdraw 倍数	像素点绘制次数	可接受区域
无色	0X	1	全局
蓝色	1X	2	大片
绿色	2X	3	中等
浅红	3X	4	小、少
暗红	4X	≥ 5	无

从图中来看（大家在看的过程中可以拿出手机，打开开发者选项中的显示过度绘制选项，很容易就理解过度绘制的样子），我们的 App 不存在严重的过度绘制问题，但是依然有过度绘制的情况，下面我们分析一下：

1）图中很明显分了上下两部分，上半部分显示的大部分是蓝色，也就是说绘制了两次，属于正常现象。

2）重点关注显示大片绿色和浅红色的下半部分，绿色代表绘制了 3 次，浅红色绘制了 4 次，这里就存在过度绘制的情况。

针对存在过度绘制的区域，我们要看看是否能够优化，但这时候我们并不知道过度绘制的区域是怎么形成的，所以我们可以借助另一个工具 Tracer for OpenGL ES。Tracer for OpenGL ES 可以记录和分析 App 每一帧的绘制过程，以及列出所有用到的 OpenGL ES 的绘制函数和耗时，通过 Tracer for OpenGL ES 我们可以很容易地看出 App 的每一帧是怎么画出来的，这样我们就很容易知道过度绘制的区域是怎么形成的。Tracer for OpenGL ES 的使用方法在网上很多，这里就不具体介绍了。

Tracer for OpenGL ES 操作后会生成一份记录 App 绘制过程的 gltrace 文件，我们点到 gltrace 文件里的高亮为蓝色的 drawing 命令，就可以在 FrameSummary 看到当前图像的绘制过程。通过观察图像的绘制过程，我们很容易的就能发现在过度绘制的区域里究竟绘制了什么，导致出现了过度绘制的情况。

例如我们的 App，通过 Tracer for OpenGL ES 观察，我们发现在绘制的过程中，存在过度绘制情况的区域在经过两次绘制之后竟然没有变化（按照正常情况，每绘制一次，frame Summary 都会增加新绘制的 UI），于是我们就分析会不会是绘制了相同的背景所有导致绘制两次的绘制没变化，最后看布局文件发现就是因为

listview 的白色背景被重复绘制了两次，导致发生了过度绘制的情况。如图 3-14、图 3-15 所示。

glUniform4f(location = 3, x = 0.921569, y = 0.921569, z = 0.92	15,917	6,583
glDrawArrays(mode = GL_TRIANGLE_STRIP, first = 0, count =	80,083	70,000
glEnable(cap = GL_SCISSOR_TEST)	15,459	5,959
glScissor(x = 26, y = 0, width = 1028, height = 71)	11,375	4,333
glUniformMatrix4fv(location = 2, count = 1, transpose = fals	14,000	6,791
glUniform4f(location = 3, x = 1.000000, y = 1.000000, z = 1.00	12,000	5,000
glDrawArrays(mode = GL_TRIANGLE_STRIP, first = 0, count =	75,583	67,833
glDisable(cap = GL_SCISSOR_TEST)	19,000	7,500

Frame Summary

图 3-14

图 3-15

把 listview 多出的白色背景去掉，我们可以看到过度绘制被改过来了，如图 3-16 所示。

这样通过结合 GPU 过度绘制区域显示和 Tracer for OpenGL ES，我们就把 App 过度绘制的问题解决了。

但是因为我们的 App 过度绘制的情况并不严重，所以只解决了这个问题，并没有很有效地提升我们的流畅度，所以我们需要继续去查找和分析其他的 UI 问题。通过查看 Android 文档和网上的一些资料，我们发现 Hierarchy Viewer 能够帮助我们去分析 UI 布局的情况，于是我们立刻用它对我们的 App 做一次分析。

图　3-16

2. Hierarchy Viewer，查找 UI 布局不合理的地方

Hierarchy Viewer 的使用方法比较简单，这里就不详细介绍了，通过 Hierarchy Viewer 我们看到了我们这次需要优化的 Activity 的 UI Tree 情况（因为屏幕太大所以只截取了一小部分），如图 3-17 所示。

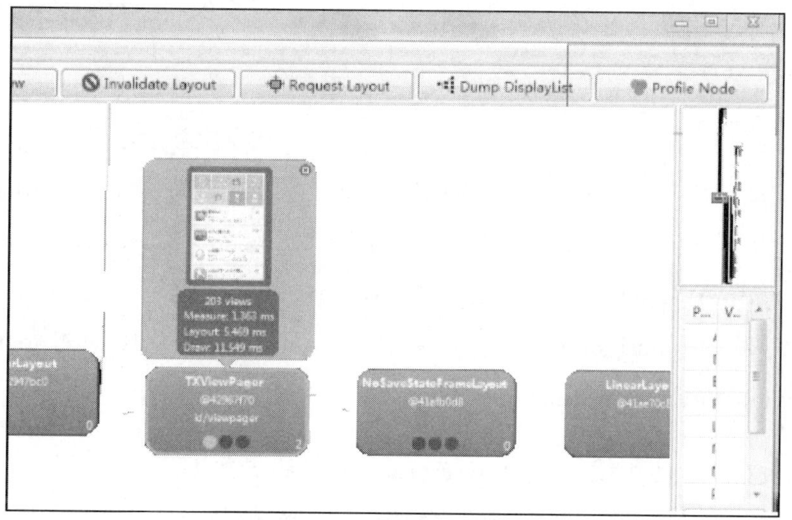

图 3-17　Hierarchy Viewr

拿到 UI Tree 之后，我们主要分析是否存在以下三种类型的问题：

1）没有用的父布局。没有用的父布局是指没有背景绘制或者没有大小限制的父布局，这样的父布局不会对 UI 效果产生任何影响。我们把没有用的父布局通过 <merge /> 标签合并来减少 UI 的层次。

2）使用线性布局 LinearLayout 排版导致 UI 层次变深。如果有这类问题，我们就使用相对布局 RelativeLayout 代替 LinearLayout，减少 UI 的层次。

3）不常用的 UI 被设置成了 GONE，比如 error 页面，如果有这类问题，我们需要用 <ViewStub /> 标签代替 GONE 提高 UI 性能。

先介绍一下 < merge /> 标签和 <ViewStub /> 标签：

- <merge /> 标签：用于减少 View 树的层次来优化 Android 的布局，通过 <merge/> 标签可以把 <merge/> 标签里的 UI 合到上一层的 layout 中。
- <ViewStub /> 标签：最大的优点是当你需要时才会加载，使用它并不会影响 UI 初始化时的性能。各种不常用的布局像进度条、显示错误消息等可以使用 <ViewStub /> 标签，以减少内存使用量，加快渲染速度。<ViewStub /> 是一个不可见的，大小为 0 的 View。

我们带着上面的三个问题去分析我们的 UI 树，确实发现我们的 UI tree 存在不少的问题，基本上每一类型的问题我们都碰到了，下面我们把每一类型的问题都拿一个案例出来，跟大家一起看看。

【问题类型 1】没有用的父布局

使用 HierarchyViewer 查看我们 UI Tree，发现红圈处的 RelativeLayout 是 ListItemInfoView 唯一子 view，我们可以看看是否能把 RelativeLayout 的子 view 放到 ListItemInfoView 里这样就可以把 RelativeLayout 这一层去掉。通过查看代码，我们发现 RelativeLayout 这一层是多余的，可以直接通过 merge 标签把 RelativeLayout 和 ListItemInfoView 合并，如图 3-18 所示。

【问题类型 2】使用线性布局 LinearLayout 排版导致 UI 层次变深

从图中发现下面的布局是用两个 LinearLayout 嵌套实现的，通过使用一个 RelativeLayout，我们可以实现同样的效果，这样就可以减少一个层次，从时间上可以很明显地看出优化的效果，如图 3-19 所示。

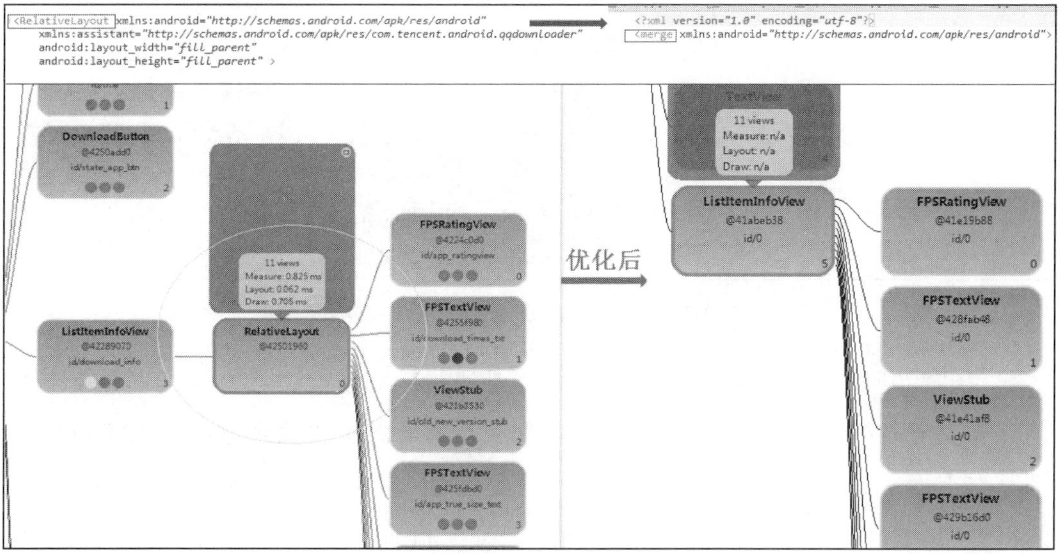

图 3-18 没有用的父布局

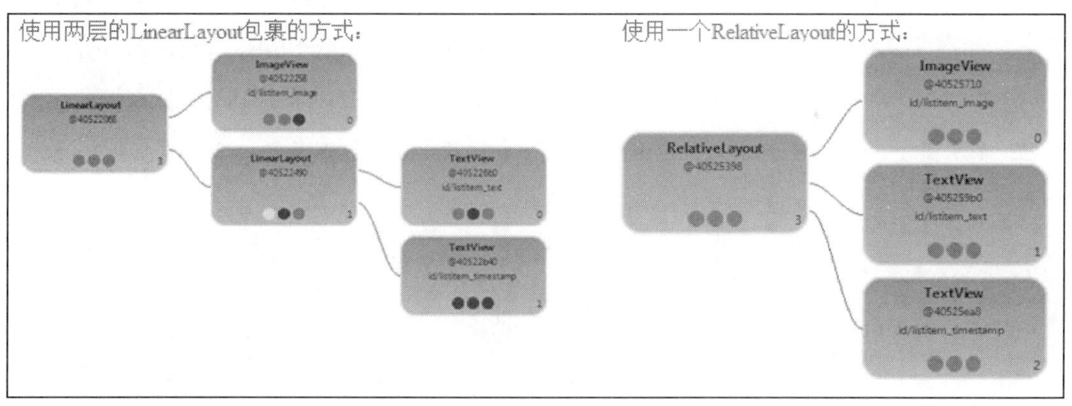

图 3-19 使用线性布局 LinearLayout 排版导致 UI 层变深

【问题类型 3】 不常用的 UI 被设置成了 GONE

从 view Properties 里面我们可以查找该 view 的属性，看它是否是隐藏的，即 Visibility = GONE，对于 GONE 的 view，我们可以考虑使用 <ViewStub /> 标签代替 GONE 提高 UI 性能，如图 3-20 所示。

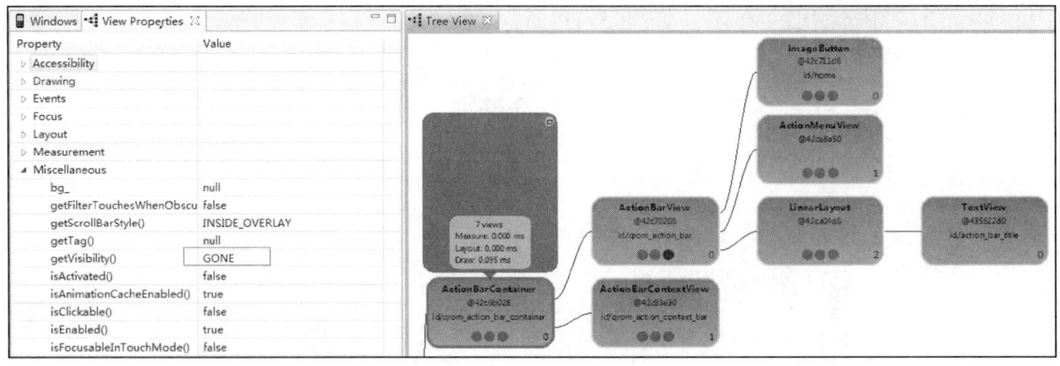

图 3-20 不常用的 UI 被设置成了 GONE

我们在开发应用程序的时候，经常会遇到这样的情况，会在运行时动态根据条件来决定显示哪个 View 或某个布局。那么最通常的想法就是把可能用到的 View 都写在上面，先把它们的可见性都设为 View.GONE，然后在代码中动态地更改它的可见性。这样的做法的优点是逻辑简单而且控制起来比较灵活，缺点就是耗费资源。虽然把 View 的初始可见 View.GONE，但是在 Inflate 布局的时候 View 仍然会被 Inflate，也就是说仍然会创建对象，会被实例化，会被设置属性。也就是说，会耗费内存等资源。官方推荐的做法是使用 android.view.ViewStub，ViewStub 是一个轻量级的 View，它是一个看不见的、不占布局位置、占用资源非常小的控件。图 3-21 显示的是 LinearLayout 为 ViewStub 渲染后布局的根结点。

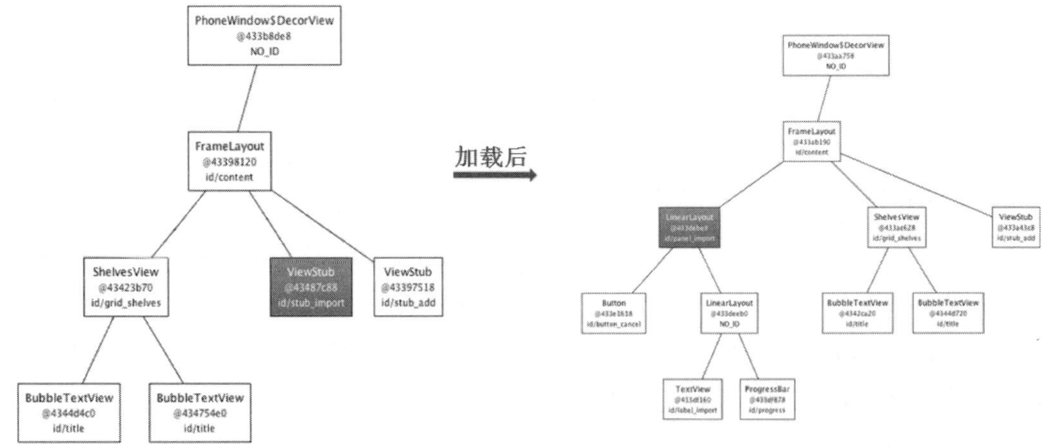

图 3-21 Linear Layout 为 View Stub 渲染后布局的根结点

从图中我们可以看出，使用 ViewStub 之后，有 4 个 view 在没有被用到的时候就不会被加载进来。

把 UI 布局中不合理的地方解决了之后，我们再用 SM 进行了一轮验证，从结果来看，SM 均值提高到了 46 左右，和竞品还有不小的差距，所以我们需要继续分析可以优化的地方，然后我们发现了 Android 推荐的一个静态扫描工具 Lint，可以通过规则扫描的方式有效地发现代码中存在的性能问题。

3.4.3 Lint 扫描，发现代码中的流畅度性能问题

Lint 扫描通过静态扫描检查代码的方式，能够发现在代码中潜在的问题，并给出问题的原因和在代码中的位置，并给出相应的优化建议。

打开 Eclipse，点击 Lint 扫描工具，展开下拉按钮，选择需要扫描的工程，把我们 App 的工程选上，然后开始扫描，如图 3-22 所示。

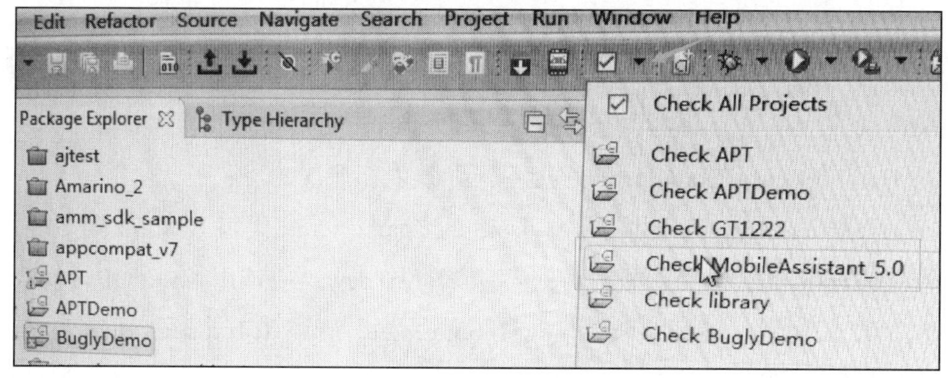

图 3-22 Lint 扫描工具

扫描的结果如图 3-23 所示。

从扫描结果来看，Lint 扫描出的类型有 9 种（Category），我们重点关注 Performance，从名字就能看出这一项和性能相关。

Lint 扫描是根据相关的规则去发现问题，下面列举了默认包含在 Performance 中的 16 种问题类型：

1）DrawAllocation：避免在绘制或者解析布局 (draw/layout) 时分配对象，比如在 Ondraw() 中实例化 Paint 对象。

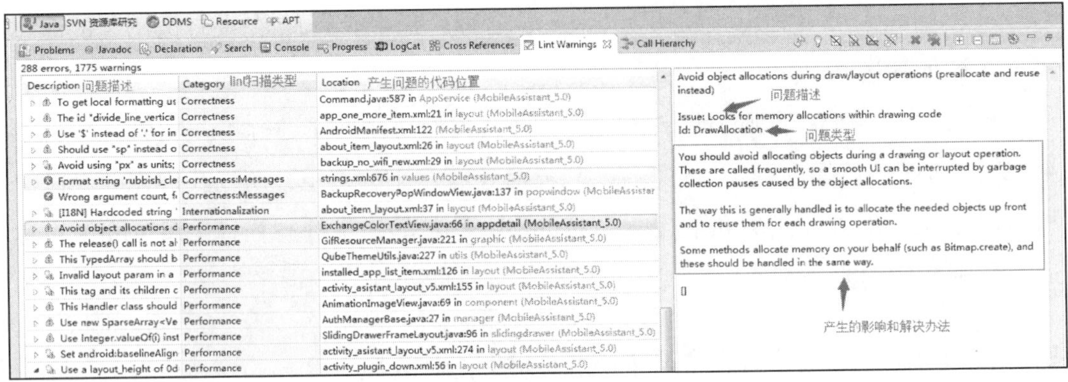

图 3-23 Lint 扫描结果

2）Wakelock：手机不能进入休眠状态，导致手机一直保持在高耗电状态。

3）Recycle：某些资源，比如 TypedArrays、VelocityTrackers，用完之后应该被回收，但是忘记回收。

4）ObsoleteLayoutParam：Layout 中无用的参数。

5）UseCompoundDrawables：可优化的布局，包含一个 Imageview 和一个 TextView 的线性布局，可被采用 CompoundDrawable 的 TextView 代替。

6）HandlerLeak：Handler 的使用不当导致内存泄漏。

7）UseSparseArrays：尽量用 Android 的 SparseArray 代替 Hashmap。

8）UseValueOf：需要常量对象时不应该直接 new，应该用 ValueOf 转换。比如需要整数 42 的对象，不要直接用 new Integer(42)，应该用 Intener.valueOf(42)，这样可以省内存。

9）DisableBaselineAlignment：如果 LinearLayout 被用于嵌套的 layout 空间计算，它的 android:baselineAligned 属性应该设置成 false，以加速 layout 计算。

10）InefficientWeight：当布线性局里只有一个控件，并且使用了 weight 属性，最好把 width 和 heigth 设为 0，这样可以省略布局的 measure 过程。

11）FloatMath：使用 FloatMath 代替 Math。

12）NestedWeights：避免嵌套 weight，那将拖累执行效率。

13）UnusedResources/UnusedIds：未被使用的资源会使程序变大，并且编译速度降低。

14）Overdraw：如果为 RootView 指定一个背景 Drawable，会先用 Theme 的背景绘制一遍，然后才用指定的背景，这就是所谓的“Overdraw”，可以设置 theme 的 background 为 null 来避免。

15）UselessLeaf/UselessParent：View 或 view 的父亲没有用，应该把他移除，避免影响加深布局的层次。

16）UnusedNamespace：有些布局没必要使用 namespace，会影响代码执行效率。

除此之外，Lint 还可以定义自己的规则来发现问题，这个属于高级功能，大家可以自行研究。

通过 Lint 扫描，我们发现了代码中存在不少的性能问题，说明这个工具还是很有用的。下面是本次扫描发现的和流畅度相关的 5 个问题以及相应的解决办法。

【问题 1】

问题类型：ObsoleteLayoutParam

问题描述：This will cause useless attribute processing at runtime, and is misleading for others reading the layout so the parameter should be removed.

原因：通常是改变了父布局而没有记得修改子 View 的布局参数。

影响：在运行时还是要处理，影响代码执行效率。

解决办法：LinearLayout 的子 View 中声明的部分布局参数不是 LinearLayout 中定义的（一般是 RelativeLayout 的），根据 Lint 提示修改代码：

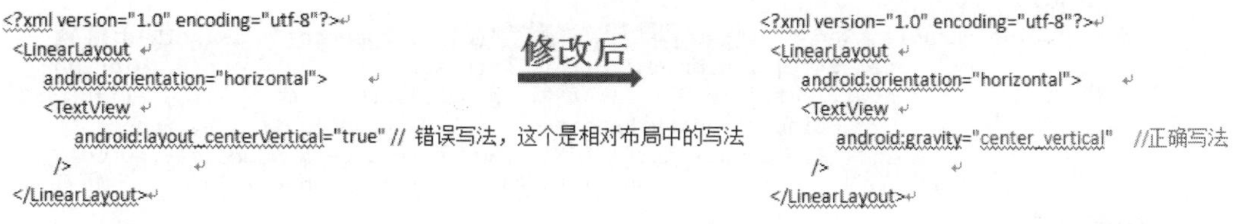

```
<?xml version="1.0" encoding="utf-8"?>
 <LinearLayout
     android:orientation="horizontal">
     <TextView
         android:layout_centerVertical="true" // 错误写法，这个是相对布局中的写法
     />
 </LinearLayout>
```



```
<?xml version="1.0" encoding="utf-8"?>
 <LinearLayout
     android:orientation="horizontal">
     <TextView
         android:gravity="center_vertical"   //正确写法
     />
 </LinearLayout>
```

【问题 2】

问题类型：UselessParent

问题描述：A layout with children that has no siblings, is not a scrollview or a root layout, and does not have a background, can be removed and have its children moveddirectly into the parent for a flatter and more efficient layout hierarchy.

原因：View 或 view 的父亲没有用，应该把它移除，避免影响加深布局的层次，其实就类似于前面的 merge。

影响：增加布局层次，额外增加 view 渲染负担。

解决办法：通过 merge 标签合并：

```
<?xml version="1.0" encoding="utf-8"?>
<LinearLayout xmlns:android="http://schemas.android.com/apk/res/android"
    android:layout_width="fill_parent"
    android:layout_height="wrap_content"
    android:orientation="vertical" xmlns:app="http://schemas.android.com/apk/res/com.tencent.android.qqdownloader">

    <RelativeLayout
        android:id="@+id/root"
        android:layout_width="fill_parent"
        android:layout_height="105dp"
        android:background="@drawable/bg_card_color_selector">
```

【问题 3】

问题类型：DrawAllocation

问题描述：避免在 View 绘制过程中做对象分配操作（Avoid object allocations during draw/layout operations）。

影响：因为在 UI 线程中，draw/layout 这些方法可能会被框架层频繁调用，如果这些作用域内有对象分配操作发生，在对象分配过程中 UI 线程有可能会被垃圾回收线程中断。

解决办法：提前分配：

```
@Override
protected void onDraw(Canvas canvas) {
    super.onDraw(canvas);
    if(!orangeMode) {
        mLinearGradientRepeat = new LinearGradient(0, 0, (percent*this.getWidth())
                    new int[] {Color.WHITE,this.getResources().getColor(R.color.ap
                    new float[] {0.99f, 1.0f }, Shader.TileMode.CLAMP);  } else {
                        mLinearGradientRepeat = new LinearGradient(0, 0, (percent*
                            new int[] {Color.WHITE,this.getResources().getColo
                            new float[] {0.99f, 1.0f }, Shader.TileMode.CLAMP)
```

【问题 4】

问题类型：Unused namespace assistant

问题描述：Unused namespace declarations take up space and require processing that is not necessary

影响：需要对 namespace 做额外需要处理，注意这里边没特指是 runtime，是否对运行时有影响还需要再抠一下，好习惯还是要有的。

```
<merge xmlns:android="http://schemas.android.com/apk/res/android"
xmlns:app="http://schemas.android.com/apk/res/com.tencent.android.qqdownloader"
// ... content ...
</merge>
```

解决办法：直接删除。

【问题 5】

问题类型：UseCompoundDrawables

问题描述：可优化的布局：如包含一个 Imageview 和一个 TextView 的线性布局，可被采用 CompoundDrawable 的 TextView 代替。

影响：view 的个数直接影响 UI 的性能。

解决办法：使用 TextView 代替多个 view 的组合，能够有效的降低 view 的数量，提升流畅度。左边的布局是 Imageview 和 TextView 的组合，可以用右边的 CompoundDrawable 的 TextView 代替：

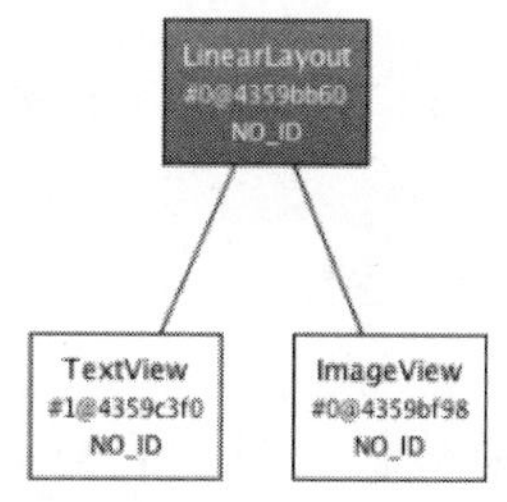

TextView
#0@43738da8
NO_ID

```
<LinearLayout
    android:orientation="horizontal"
    android:layout_width="fill_parent"
    android:layout_height="wrap_content">

    <ImageView
        android:layout_width="wrap_content"
        android:layout_height="wrap_content"
        android:src="@drawable/icon" />

    <TextView
        android:layout_width="wrap_content"
        android:layout_height="wrap_content"
        android:text="@string/hello" />

</LinearLayout>
```

```
<TextView
    android:layout_width="wrap_content"
    android:layout_height="wrap_content"
    android:text="@string/hello"
    android:drawableLeft="@drawable/icon" />
```

把 Lint 扫描发现的问题解决之后，我们再用 SM 测了一轮 App 的流畅度，发现流畅度有了明显的提升，均值提升到了 49，但还是没有达到我们的目标，所以我们需要继续深挖。

我们把上面优化的问题仔细总结了一下，大部分都是和 UI 相关，对于代码逻辑特别是主线程逻辑我们基本没有动过，大家都知道主线程的逻辑对于流畅度的影响是非常大的。

所以我们下一步的目标很明确，深入分析代码的逻辑，看看这一块是不是有优化的空间。

3.4.4 优化 App 的逻辑层

在代码逻辑分析部分，Android 也为我们提供了两个很好用的工具：Traceview 以及 Systrace。我们结合这两个工具用下面的两种思路去分析代码的逻辑：

- 找出在主线程耗时较大的函数，看看是否能够通过优化逻辑去减少 API 的耗时，优化的方案大概是缓存某些数据在需要的时候能够更快地加载，或者把耗时的操作移出主线程，或者把滑动的过程中出现的耗时操作延时到滑动停止后才开始。
- 分析滑动的过程中 CPU 的工作，看看是否能让 CPU 优先执行主线程的工作，尽量不要被其他线程抢占。

1. Traceview，寻找卡住主线程的地方

Traceview 是 Android 平台配备的一个很好的性能分析工具。它可以通过图形界面的方式让我们了解要跟踪程序的性能，并且能具体到每一个函数的耗时和调用次数。所以我们用 Traceview 的时候，主要关注的就是各个函数对性能的影响。一般而言，有两种类型的函数可能会影响到流畅度：

1）主线程里占用 CPU 时间（Incl Cpu Time）很长的函数，特别要留意在主线程的 IO 操作（文件 IO、网络 IO、数据库操作等）。

2）主线程调用次数（包括被调用和递归调用）很多的函数。

因为通过前面的优化后，我们 App 的流畅度和竞品之间还有一些差距，所以我们这次通过对比 App 和竞品之间的函数耗时，来分析在这部分我们是不是存在差距，如果有，我们就可以想办法优化到跟竞品一样。

对比的方式首先按 CPU 占用时间（Incl Cpu Time）降序排序，然后一个个去观察，找出哪些耗时的 API 在主线程上执行，再去看看代码，是否能移到非主线程执行，如果涉及 IO 操作看看能否做缓存。

下面是我们和竞品的 Traceview 对比之后发现的问题：

查看我们和竞品的 trace 结果，发现我们 listviewAdapter 的 getView 方法 CPU 执行时间占了总的 CPU 耗时 17%，getview 的耗时平均在 10.617ms，而竞品的 getview 平均耗时在 7.599ms，大家都知道 getview 方法就是返回 listview 每个 item 需要显示的 view，所以它对 listview 流畅度的影响是比较大的，现在我们 getview 的耗时比竞品要高出 40%，所以这块有比较大的优化空间，如图 3-24 所示。

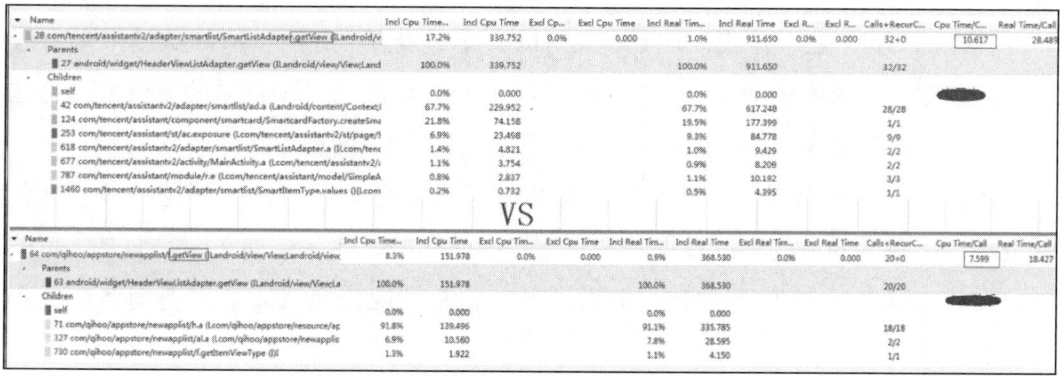

Name	Incl Cpu Time...	Incl Cpu Time	Excl Cp...	Excl Cpu Time	Incl Real Tim...	Incl Real Time	Excl R...	Excl R...	Calls+RecurC...	Cpu Time/C...	Real Time/Call
28 com/tencent/assistantv2/adapter/smartlist/SmartListAdapter.getView (ILandroid/v	17.2%	339.752	0.0%	0.000	1.0%	911.650	0.0%	0.000	32+0	10.617	28.489
Parents											
27 android/widget/HeaderViewListAdapter.getView (ILandroid/view/View;Land	100.0%	339.752			100.0%	911.650			32/32		
Children											
self	0.0%	0.000			0.0%	0.000					
42 com/tencent/assistantv2/adapter/smartlist/ad.a (Landroid/content/Context;I	67.7%	229.952			67.7%	617.248			28/28		
124 com/tencent/assistant/component/smartcard/SmartcardFactory.createSma	21.8%	74.158			19.5%	177.399			1/1		
253 com/tencent/assistant/st/ac.exposure (Lcom/tencent/assistantv2/st/page/S	6.9%	23.498			9.3%	84.778			9/9		
618 com/tencent/assistantv2/adapter/smartlist/SmartListAdapter.a (ILcom/tenc	1.4%	4.821			1.0%	9.429			2/2		
677 com/tencent/assistantv2/activity/MainActivity.a (Lcom/tencent/assistantv2/	1.1%	3.754			0.9%	8.209			2/2		
787 com/tencent/assistant/module/r.e (Lcom/tencent/assistant/model/SimpleA	0.8%	2.837			1.1%	10.192			3/3		
1460 com/tencent/assistantv2/adapter/smartlist/SmartItemType.values ()[Lcom	0.2%	0.732			0.5%	4.395			1/1		

VS

Name	Incl Cpu Time...	Incl Cpu Time	Excl Cpu Tim...	Excl Cpu Time	Incl Real Tim...	Incl Real Time	Excl Real Tim...	Excl Real Time	Calls+RecurC...	Cpu Time/Call	Real Time/Call
64 com/qihoo/appstore/newapplist/f.getView (ILandroid/view/View;Landroid/view	8.3%	151.978	0.0%	0.000	0.9%	368.530	0.0%	0.000	20+0	7.599	18.427
Parents											
63 android/widget/HeaderViewListAdapter.getView (ILandroid/view/View;La	100.0%	151.978			100.0%	368.530			20/20		
Children											
self	0.0%	0.000			0.0%	0.000					
71 com/qihoo/appstore/newapplist/h.a (Lcom/qihoo/appstore/resource/ap	91.8%	139.496			91.1%	335.785			18/18		
327 com/qihoo/appstore/newapplist/al.a (Lcom/qihoo/appstore/newapplis	6.9%	10.560			7.8%	28.595			2/2		
730 com/qihoo/appstore/newapplist/f.getItemViewType (I)I	1.3%	1.922			1.1%	4.150			1/1		

图 3-24 TraceView

在发现我们的 getview 比竞品高之后，我们再深入代码去分析，进一步细化 getview 里面每一块逻辑的耗时，因为 traceview 只能测试到函数的耗时，所以函数里各个部分的耗时，需要我们通过打 log 的方式去获取。通过细化 getview 里的耗时情况，我们发现在 getview 里面有一个上报统计数据到后台的逻辑，以及一个获取本地数据的逻辑会占用比较多的时间，而且这两块都可以在 getview 外面完成，所以我们把这两块逻辑移到 getview 外面去实现，通过这种办法，我们的 getview 方法平均降低了 2.9ms，很好地提高了我们的流畅度。

在分析的过程中我们发现打 log 的方式统计起来会比较麻烦，所以我们找了另外一种方式去统计方法内的耗时，就是通过 Systrace 工具，这在下面小节讲。

在 trace 结果里，除了对比函数耗时，我们还会对比函数的调用次数，因为本次测试没有发现我们存在调用次数多影响了流畅度的情况，所以给大家举一个在别的产品发现的例子。

通过 traceView 查看某应用点击地址栏 API 耗时，发现 draw 函数的耗时很高，而且调用的次数很多，所以我们就去找代码，看看是否能找到优化的空间：

22 com/tencent/mtt/base/ui/base/MttCtrlObject.draw (Lar	24.5%	218.620	0.1%	0.957	4.2%	658.753	0.0%	0.973	17+179
23 com/tencent/mtt/base/ui/base/MttCtrlObject.draw (Lar	24.5%	218.540	1.1%	10.125	4.2%	658.670	0.1%	10.071	17+179

通过看代码和打 log 观察原因，发现点击地址栏时存在大量的重复绘制，主要的原因是 addressbar 在绘制点击动画时做了大量的重复绘制。然后调整代码，减少动画的绘制次数，从 traceview 上可以明显的看到耗时和调用次数明显的减少：

35 com/tencent/mtt/base/ui/base/MttCtrlObject.draw (Landroid/graphi	6.5%	69.623	0.0%	0.294	0.9%	148.492	0.0%	0.284	6+55
36 com/tencent/mtt/base/ui/base/MttCtrlObject.draw (Landroid/graphi	6.5%	69.594	0.3%	3.113	0.9%	148.463	0.0%	3.119	6+55

优化 getview 之后，我们用 GT 去测试 App 优化后的 SM，从测试结果来看我们的流畅度有了很大的提升，SM 均值达到了 53，已经超过了竞品的流畅度。到这一步，我们已经实现了当时的目标，提升我们 App 的流畅度以及超越竞品。

当然，在这个基础上，在流畅度优化方面我们还有可以继续深挖的地方，包括继续优化我们的流畅度以及提升分析流畅度问题的效率，比如下面我们要介绍的 Systrace，就可以有效的帮住我们分析 API 的执行情况以及 App 在运行时各个线程的状态。

2. Systrace，获取 App 运行时线程的信息以及 API 的执行情况

Systrace 需要 4.1 版本及以上的系统才能用，建议大家用 4.3 及以上的系统，因为 4.3 之后 Systrace 加入了非常好用的新功能。

Systrace 有下面这些优点：

1）能直观地看到每个线程上面 API 的调用情况，包括 API 的耗时以及 API 的调用顺序。

2）能直观地看到每个线程的执行情况，包括各个线程的状态以及耗时，并且能够统计 CPU 里每个线程执行的耗时。

3）能够通过插入代码的方式，在 Systrace 里显示想要查看的 API 的耗时以及调用关系。

4.3 之后，Systrace 可以在代码中添加 Trace.beginSection(“name”) 以及

Trace.endSection()，在代码前后加入这两个 API，我们就可以看到这段代码执行的耗时。举个例子，我们在自己 App 的 MainActivity 的 onCreate() 方法前后插入 Trace.beginSection("MainActivity.OnCreate") 和 Trace.endSection()，然后我们就能在 Systrace 里看到 MainActivity Oncreate 函数的耗时以及 OnCreate 函数的调用关系，非常直观，如图 3-25 所示。

```
MainActivity...  CommentDetai...  comment_det...  AppdetailDow...
    @Override
    public void onCreate(Bundle savedInstanceState) {
        Trace.beginSection("MainActivity.OnCreate");
        AstApp.self().addStartUpTimePoint(TIMETYPE.B1
        if(Global.START_DEBUG){

MainActivity...  CommentDetai...  comment_det...
        if(Global.START_DEBUG){
            XLog.d("Start","MainAc
        }

        Trace.endSection();
```

a) 插入代码

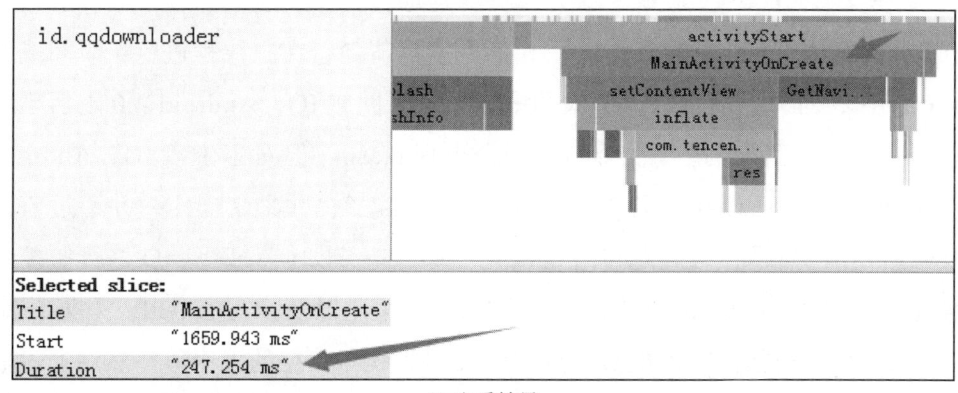

b) 查看结果

图 3-25 Systrace 工具的使用

有两点要注意的地方：

1）这两个 API 需要放在同一个线程里，不能把 start 放在一个线程然后把 end 放在另一个线程。

2）这两个 API 要成对的出现，不能只用一个。

通过 Systrace，我们能够很直观地看出某段时间内代码的调用情况以及调用的次序，再加上耗时信息的统计，能够帮助我们快速定位有问题的函数，比如时间很长的函数、重复调用次数很多的函数。

同时通过 Systrace 里线程统计的信息，我们能快速地观察在某段时间内线程之间的相互影响状况，这样对于流畅度的优化也有非常大的帮助。比如在我们滑动 listview 的时候，如果刚好其他线程在做一些耗时的工作，这样也会对流畅度有不小的影响，我们就可以根据线程的信息发现这个问题，从而针对这样的问题进行优化。

我们可以通过 Systrace 的方式代替 log 统计，这样会更直观和方便，在上面提到的优化 listview adapter 中的 getview 方法的时候，我们后面用 Systrace 代替打 log 的方法去分析 getview 里每一步的耗时，看起来更加直观，同时统计耗时数据的时候也更加方便。

把 App 里逻辑层的问题解决后，我们最后来看看 App IO 层的问题。

3.4.5 优化 App 的 IO 层

IO 分为网络 IO 和磁盘读写 IO。相信大家都清楚，在主线程进行长时间或者频繁的 IO 操作，对流畅度会有非常大的影响。对于网络 IO，Android 4.0 之后已经不能再在主线程进行网络操作，否则程序会出现 crash。但对于磁盘 IO，Android 则没有相关的机制，所以我们需要自己想办法去监控磁盘的 IO 操作，并通过监控结果观察是否存在问题，有问题再进行优化。那么应该如何对磁盘 IO 进行监控？我们通过代码注入（hook）的方式，hook 文件打开关闭以及读写的 API，采集磁盘 IO 的信息，IO 信息包括读写的次数、读写的线程、读写数据的大小等。然后通过监控的结果来判断是否存在 IO 层的问题。

举例来说，通过监控的结果，我们可以观察 App 里是否存在读写内容重复，是否存在读写次多但是每次写入内容都很小，主线程是否存在频繁读写等问题。

除此之外，Android 还提供 StrictMode 的方式来监控代码是否存在 IO 的问题。

StrictMode 通过策略方式来让你自定义需要检查哪方面的问题。主要有两中策略，一个是线程方策略（ThreadPolicy），一个是 VM 方面的策略（VmPolicy）：

1）ThreadPolicy 主要用于发现在 UI 线程中是否有读写磁盘的操作，是否有网络操作，以及检查 UI 线程中调用的自定义代码是否执行得比较慢。

2）VmPolicy，主要用于发现内存问题，比如 Activity 内存泄露、SQL 对象内存泄露、资源未释放、能够限定某个类的最大对象数。

只要在主线程内配置并启动 StrictMode，它就可以监听主线程的运行情况。当发现出现重大问题或违背策略规则时，就会在 logcat 中提示用户。

3.4.6 流畅度优化经验

最后总结一下我们之前在流畅度优化上的一些经验。

1. 布局原则

在 Android UI 布局过程中，通过遵守一些惯用、有效的布局原则，我们可以制作出高效且复用性高的 UI，概括来说包括如下几点：

1）尽量多使用 RelativeLayout 和 LinearLayout，不要使用绝对布局 AbsoluteLayout：

a）在布局层次一样的情况下，建议使用 LinearLayout 代替 RelativeLayout，因为 LinearLayout 性能要稍高一点。

b）在完成相对较复杂的布局时，建议使用 RelativeLayout，RelativeLayout 可以简单实现 LinearLayout 嵌套才能实现的布局。

2）将可复用的组件抽取出来并通过 include 标签使用。

3）使用 ViewStub 标签来加载一些不常用的布局。

4）动态地 inflation view 性能要比 SetVisiblity 性能要好。当然用 VIewStub 是最好的选择。

5）使用 merge 标签减少布局的嵌套层次。

6）去掉多余的背景颜色，减少过度绘制：

a）对于有多层背景颜色的 Layout 来说，留最上面一层的颜色即可，其他底层的颜色都可以去掉。

b）对于使用 Selector 当背景的 Layout（比如 ListView 的 Item，会使用 Selector 来标记点击，选择等不同的状态），可以将 normal 状态的 color 设置为“@android:color/transparent”，来解决对应的问题。

7）使用 compound drawables：包含 ImageView 和 TextView 的 LinearLayout 可以使用 compound drawable 实现，这样更高效（注：compound drawables 是指包含图片的 Textview）。

8）内嵌使用包含 layout_weight 属性的 LinearLayout 会在绘制时花费昂贵的系统资源，因为每一个子组件都需要被测量两次。在使用 ListView 与 GridView 的时候这个问题显得尤其重要，因为子组件会重复被创建，所以要尽量避免使用 Layout_weight。

2. 针对 ListView 的性能优化

1）复用 convertView：在 getItemView 中，判断 convertView 是否为空，如果不为空，可复用。

2）异步加载图片，item 中如果包含有 image，那么最好异步加载。

3）快速滑动时不显示图片：当快速滑动列表时（SCROLL_STATE_FLING），item 中的图片或获取需要消耗资源的 view，可以不显示出来；而处于其他两种状态（SCROLL_STATE_IDLE 和 SCROLL_STATE_TOUCH_SCROLL），则将那些 view 显示出来。

4）item 尽可能地减少使用的控件和布局的层次。同时要尽可能地复用控件，这样可以减少 ListView 的内存使用，减少滑动时 gc 次数。ListView 的背景色与 cacheColorHint 设置相同颜色，可以提高滑动时的渲染性能。

5）getView 优化：ListView 中 getView 是性能是关键，这里要尽可能地优化。getView 方法中不能做复杂的逻辑计算，特别是数据库和网络访问操作，否则会严重影响滑动时的性能。

3. 解放 UI 主线程

1）不要阻塞 UI 线程：占用 CPU 较多的数据操作尽可能放在一个单独的线程中进行，通过 handler 等方式把执行的结果交于 UI 线程显示。特别是针对的网络访问、数据库查询和复杂的算法。目前 Android 提供了 AsyncTask，Hanlder、Message 和 Thread 的组合。对于多线程的处理，如果并发的线程很多，同时有频繁的创建和释放，可以通过 concurrent 类的线程池解决线程创建的效率瓶颈。

2）不要在 UI 线程之外操作 UI。

3.5　本章小结

本章我们主要介绍了流畅度测试方法从 FPS 到 SM 的演进，并结合实际的案例介绍了如何对产品的流畅度进行评测和优化。从实践来看，这些方法都具有较大的通用性。

我们在内部也把具有通用性的测试和优化方法做成了自动化的方案，能够在版本迭代的过程中实时监控流畅度的变化，这样可以更快地发现问题并修复。大家在实践中也可以根据具体的情况，为自己的产品做一套流畅度自动化测试和监控的方案，这样你的产品再也不用担心被用户投诉不流畅了。

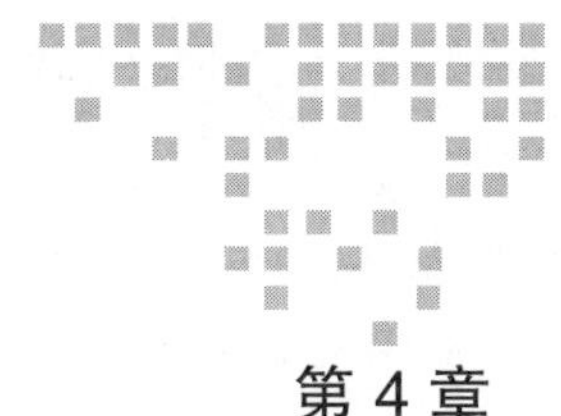

第 4 章　Chapter 4

坑爹的路线如何破——导航评测

传统的地图导航类软件是车载离线版的。随着 3G、4G 网络的普及，各手机端地图导航类软件已经流行起来。不管是公交、步行、驾车，这类软件都可以为用户提供强大的检索和导航服务，最重要的功能当然还是导航。精准智能的导航功能，涉及很多方面。比如地图数据、检索、定位、路线规划、路况、语音播报，等等。其中任意一项出现问题，都可能把用户带到坑里。用户反馈中针对这几部分的投诉也是最多的。本章将针对路线规划、语音播报这两个重要方面介绍一些测试方法和经验。

导航类软件评测的难点在于，case（测试用例）无穷尽；单看腾讯自己产品也很难给出优劣的评价；人工评测费时费力，达不到足够的量。我们通过后台日志筛选了用户访问量大的用例，作为评测的用例，以有限的量尽可能覆盖更多的用户。利用多个产品进行对比，更容易发现产品的好坏。我们还提出了几种自动化评测的方案，提高了评测效率，也提升了评测的量。

4.1　路线规划评测

路线规划的合理性是一个好的导航的前提条件。从用户反馈中我们发现，不合适的导航非常伤害用户体验，比如不合理的绕路，不走大路走小路，规划了不能走的路，等等。

我们进行路线规划的专项测试，目的就是为了发现以上这些路线规划的 bad case（坏用例），针对这些坏用例进行优化，从而提升路线规划的合理性。

路线规划又分考虑路况的路线规划和不考虑路况的路线规划。传统的车载导航，都是离线版的，没有实时路况数据，因此规划的路线和路况无关。互联网时代的导航软件，大多会引入路况，在算路的过程中也会将路上的拥堵情况考虑进去，为用户提供躲避拥堵，更加快捷的路线。针对这两种情况需要分别评测。考虑路况时，算路过程受路况影响，而路况又在随时变化，发现不好的用例也不好分析。因此为了发现算法本身的问题，我们会针对无路况的数据进行评测。地图 App 里提供给用户的路线是考虑路况的，对路况使用的不合理又会引入新的不好的用例。我们对考虑路况的路线也进行了评测。

4.1.1 路测，人工评测，还是自动化

导航最理想的测试场景是开车到户外进行路测。但是这种测试成本很高，能测的用例非常有限，能发现的不好的用例就更少了。

退而求其次，可以组织一批人在室内进行评测。这种方案减少了路测成本，但是容易受人的主观感知影响，而且人力成本也很高，能测的用例虽然比路测多一些，但还是不够。

传统的路线规划测试主要是以上两种。如果算路算法有了大的修改，那么通过以上两种方案是不太容易发现修改时出现的问题，因为覆盖的 case 量太少。我们需要一种自动化的，能评测大量用例的方案。测试结果肯定不如人工评测准确，但是好处是标准统一，覆盖面广，可以从大量用例中筛选出少量的可疑用例，再进行人工确认，既能发现更多的问题，也有效节省了人力。

去年某次后台开发针对一类问题对算路算法进行了一轮优化，优化后开发自测和产品路测均未发现问题。我们利用自动化评测的方案，取了 10000 个用例进行评测，对比优化前后的不好的用例，我们发现优化后的不好的用例反而增加了。虽然这次优化解决了已知问题，但是引入的新问题其实比解决的更多。如果没有自动化

评测这种手段的话，对几十个用例进行对比是不可能发现这种问题的，因为不好的用例的概率本来就很低。

下面详细介绍路线规划方面的自动化评测方案。

4.1.2　选择测试用例

我们决定做自动化测试之后，首先遇到的就是选择测试用例的问题。如果人工设计测试用例，那么耗时耗力，而且也不能保证设计的测试用例能代表最多的用户。地图上任意两点即可组成一个测试用例，哪怕只选一个城市，可选的用例也是无穷无尽的。可以选城区的，也可以选郊区的。可以选短距离的，也可以选长距离的。可以选终点在小区，也可以选终点在主要道路上。这么多种选择，我们又不可能测试到每一个用例，那么如何选取呢？

我们的做法是从用户数据里获取评测用例。最重要、最应该测试的是用户量最高的用例。从这个思路出发，我们从后台日志一段时间的所有数据里筛选出最热门的城市。从最热门的城市里再对用例进行聚合，对聚合后的用例按照访问量排序，取访问量最高的一定量的用例作为我们的测试集。

图 4-1 是北京 2000 个热门用例对城区的覆盖情况。可见我们的用例对主要道路覆盖的还是比较均匀合理。

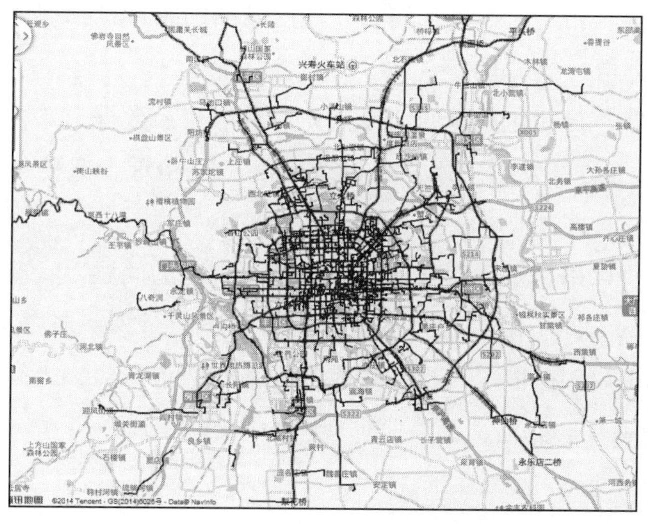

图 4-1　北京市 2000 个用例路线覆盖图

除了城市内的用例，我们还需要覆盖跨城的情况。跨城的用例主要关注的路线是城到城的部分，城市内的部分则不是那么重要。我们在选择用例的时候，以城市到城市为一对统计热度，选择热门的城市对作为跨城的测试用例。

4.1.3 寻找 bad case 的判断准则

有了测试用例，获取到我们自己的路线，已经可以开始分析了。绕路是路线规划最常见的问题之一。从这个问题来思考，最简单的评测方法就是用路线长度除以直线距离，来判断它是不是偏长，把偏长的拿出来分析。这种方法最直接最简单，但是劣势也很明显，它只能用来发现一些非常明显的绕路（坏用例）。而且有些地点，确实不存在较短的路线，规划出来的长路线也是合理的。对于一些走小路的问题，则是根本发现不了。

给我们一条的路线，如何判断它是否绕路呢？如果是熟悉的区域，我知道有一条较短的路，那么我直接就能判断这条路存在不合理的绕路。但如果是我们没有去过的地区呢？

答案很简单，找其他地图类产品算算，如果能算出来更好的路，说明我们的路线不合理。如果和我们一致，说明大家应该都没问题。也就是说，我们可以用其他地图类产品的结果作为判断的参考。有越多的产品和我们的结果一致，那我们出问题的可能性就越小。相反，如果我们和其他产品的结果差别都很大，再加上路线偏长的话，就值得分析一下了。

基于这种思路，自动化评测的前提是先要获取竞品数据。好在现在主流地图都提供了 SDK 给第三方开发者使用，通过调用第三方 SDK，我们可以轻松获取到几家竞品的数据。

这种思路还可以用在发现明显的时间估计不合理的问题上。有一阵总有用户反馈我们导航预估的时间不准。时间不准问题其实还会对算路多方案的排序有影响。我们用同样的一批用例，取了自己和竞品的预估时间进行对比，发现确实在个别城市，我们预估的时间是远远高于竞品的，与用户反馈一致。

4.1.4　判断路线是否相似

根据上一节的思路，我们需要判断我们的路线和其他产品的路线是否相似。两条路线如果人来评判，可以一眼看出其中的区别，是否相似，相似的程度怎么样，等等。如果由机器来评判，则需要计算两条路线相似度的算法。

路线相似度有两种计算方法：第一种，直观地将路线看成折线段的总和，算所有折线段重合的长度，除以总长度得到相似度。第二种，计算两条路线围起来的区域的面积，除以路线长度，得到平均距离，也可以看作两条路线的相似程度。由于第二种方法并不能精确衡量两条路线有多少部分是重合的，因此我们采用了第一种方案。这种方案目前存在的缺陷是，不能区分主辅路。

路线相似度计算流程图 4-2 所示。

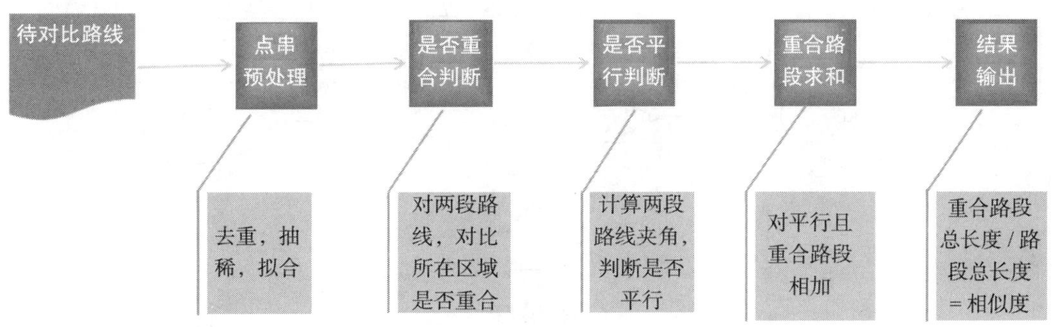

图 4-2　路线相似度计算流程图

4.1.5　自动化评测方案——无路况版

无路况版路线规划的评测思路是，与竞品对比，找到差异大、指标不好（比如路线长度、拐弯、红绿灯数目等）的用例。评测主要流程如图 4-3 所示。

最开始我们判断相似度低的条件，是用相似度的值低于一定值来判断。这种判断条件找出来的用例主要是路线和其他产品几乎完全不相似的情况。但是还有一类不好用例，很大一部分路线和其他产品是一样的，只有一部分路线存在问题。比如图 4-6 这种情况，上方的路线只有右边一段走了小路，与其他产品不一致，但是大部分路线和其他产品是重合的，这时相似度的绝对值并不低。

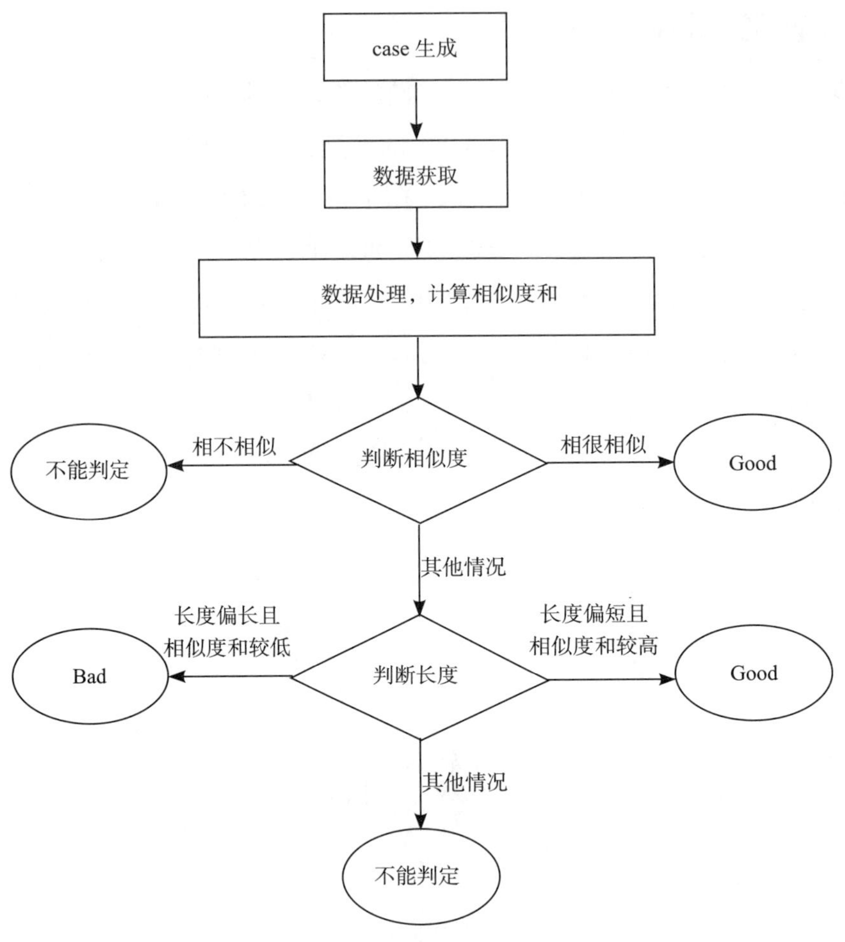

图 4-3 路线评测流程

分析这种情况，我们发现，相似度的值用相对值比绝对值更合适。相对值更能反映出各家产品之间相似性的差异。但是，改用相对值后，图 4-4 这种情况我们还是没找出来，因为我们的判定条件有一个是长度，因为大部分 bad case 都是绕路的。针对个别容易发生走小路问题的城市，比如北京市，我们会放宽条件，把虽然长度不长，但是和其他产品差异性够大的 case 找出来，进行分析。这样就能发现一批类似图 4-4 的问题了。

其实解决这种问题还有更合适的方法，就是引入更多信息，比如道路等级、拐弯数量、红绿灯数量。但是计算一条路线的点串每一段的道路等级，存在多少拐弯以及红绿灯，需要专业工具支持，因此目前还在计划中。

图 4-4　两条少量路段不重合的路线

自动化评测完成后，会发现一批可疑的用例，还需要进行人工判断，确认有问题则提给开发人员修复。修复后再进行回归测试。回归测试时需要注意的是，修复的同时不能引入比修复用例数量更多的不好用例，否则就没有修改的意义。

自动化评测输出的结果是有问题的路线点串，不能直观地看。为了方便人工判断，我们专门开发了展示和统计不好用例的平台，支持录入不好用例点串和竞品点串，并展示在平台上，可以选择是否为真正的不好用例，等等。

整个自动化评测投入使用后，针对跨城的路线规划专项评测，我们发现了产品存在不走高速，以及绕路的不好用例，如图 4-5 所示。

针对北京市走小路问题进行的专项评测，发现产品中存在的穿胡同的不好用例，如图 4-6 所示。

圈出的部分对应的街景如图 4-7 所示，这是个胡同，不宜通行。

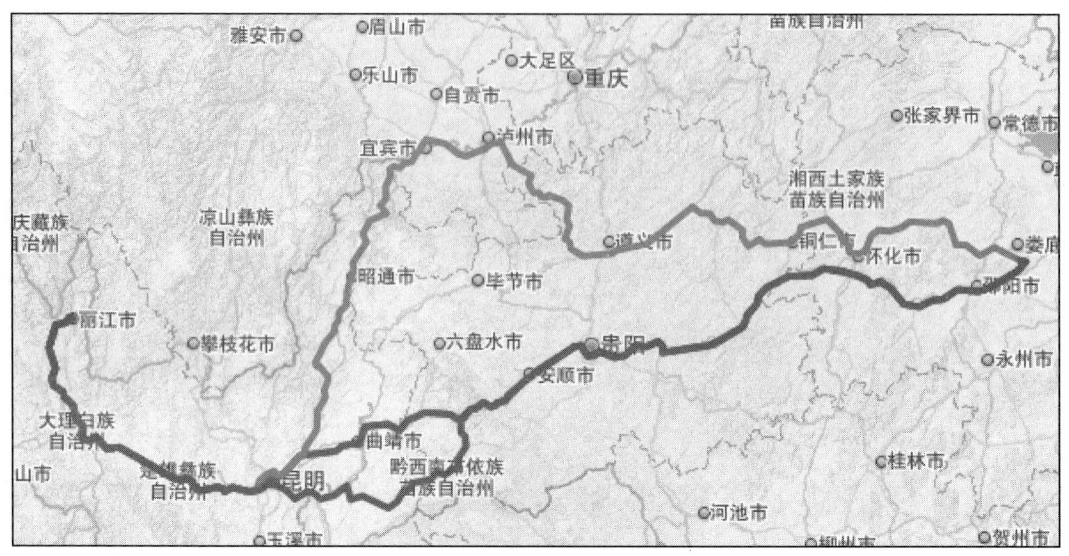

图 4-5　跨城多条路线

图 4-6　穿胡同的路线和未穿胡同的路线

图 4-7 胡同的街景

4.1.6 自动化评测方案——路况版

带路况的情况比较复杂，各家路况用的数据又不一样，有时候为了躲避拥堵，路线看上去会比较绕。因此，不适合用上一节的方案。躲避拥堵的根本原因是为了找到通行时间更短的路。所以，如果我们能知道各家路线的准确花费时间，那么比较这个时间即可知道哪条路是最快的。遗憾的是，各家算路时给出的预估时间并不准确，因此用这个时间并不能得到任何结论。

那么我们是否能得知各条路线花费的准确时间呢？开车走一圈肯定能得到，但是成本太高啦，不适合我们自动化测试的思路。还有一种想法是从出租车数据中挖掘出来某个时刻从 A 点到 B 点的实际时间，不过是否可行还有待尝试。

既然时间不能用来衡量，那么我们的思路还是靠路线本身来衡量，只不过参照物从竞品的路线换成了用户走的路线进行对比。如果竞品的路线和用户的路线一致，而我们和用户不一致，则可能我们的路线存在问题，对这一类用例进行人工确认，能发现一些不好的用例。

因为 App 里的用户走的路线会受我们给出路线的影响，而且不能保证用户对道路足够熟悉，所以地图应用自身的数据反而不适合做这样的测试。最理想的用户是出租车，大部分出租车司机对城市道路和路况都比较了解，可以认为出租车司机走的道路一般是比较合理的。

评测受路况影响的路线规划，还有一点特别的，就是用户数据的出发时间和我们的路线以及竞品路线的请求时间必须是同时的，因为只有同时才能保证是同样的路况。

我们在评测时，由出租车 App 后台提供了获取实时订单的接口。第二天会把所有请求过的实时订单对应的出租车轨迹推动过来。获取实时订单的同时我们会获取路线规划结果，这样就可以保证出租车出发的时间和我们算路时间是一致的。

有了竞品，我们的产品以及出租车三者同时的轨迹后，将任意两者对比，计算相似度，可能出现以下四种情况：

1）我们和竞品一样，视为不好的用例。

2）我们和竞品不一样，和出租车一样，视为不好的用例。

3）我们和竞品不一样，和出租车也不一样，但是竞品和出租车一样，视为不好的用例。

4）我们和竞品，出租车三者之间任意两者都不一样，视为不能判定。

针对第四种不能判定的情况，我们还可以通过统计的方式和竞品对比进一步分析。基于统计的评测方案。

出租车的数据也不是万能的，有时候起点和终点细微的差别，可以引起路线很大的不同。由于拿到的出租车的起点和终点是一个模糊的数据，所以评测的时候会出现大量各家产品和出租车轨迹都不一样的情况。

是否可以直接对比两条路线的好坏呢？如果给我们两条路线，我们观察的是什么？路线长度，大路小路（道路等级），拐弯多不多，红绿灯多不多，是否有收费，驾驶感受怎么样（路况、道路等级、速度），耗费的时间（这个看不出来，开过才知道）。如果我们能把这些条件都对比出来，是否可以自动化地判断路线好坏呢？还有一个问题，路线在这些方便比较的时候，并不是所有项都能占优的。可能一条路线短，但是红绿灯多。一条路线长，但是红绿灯少。那么怎么来判断哪种条件下，路线更好呢？

我们需要对这些条件进行建模。我们想到了分析一些已有的案例。我们已经有一些评测过的样例，这些样例可以统计出来好的路线和坏的路线，在这些上面提到的指标上都是什么情况。比如其他条件一样的情况下，路线短、但是红绿灯多、拐弯多、速度慢，和路线长、但是红绿灯少、拐弯少、速度快对比，假设前者是好用例的情况较少，后者是好用例的情况更多，那么我们就可以认为，后面这种是好用例的概率更高。当这两种比例差不多时，那么我们则无法做出判断。当比例相差较大时，则我们把是好用例概率高的一方判为好用例，另外一方则无法判断。这种方式虽然肯定会带来一些误判，但是我们还有人工确认的步骤，所以影响不大。

这种方式的一个明显的缺点，是没有考虑各个项的具体数据。比如红绿灯多，可能设置一个阈值，比如多3个就算多，但是没有用到具体多了几个红绿灯这样的数据。建模的另一种思路是，直接用这些数值来建模。但是各项指标单位不同，很难统一到一起，而且我们也没有路线的打分数据。还是第一种更简单而且直观，所以我们最终用第一种思路来实现的评测方案。

以下是我们提出的基于统计的评测方案。

目标：输入AB两个方案，输出哪个方案更好或者差不多。

思路：从用户的感知进行评测。分析对比两个方案的距离、时间、平均速度、花费、拐弯、红绿灯，根据这些项建立评测模型。前面也提到了，模型的建立有两种思路，一种是对这些项对比的分值加权做和，然后对比最终的总和。但是由于我们并没有对路线的打分数据用于训练模型，所以权值不好调，而且最终的模型也不直观。

第二种是基于统计建立模型。用于统计的数据可以来自于机评数据或人工评测数据。举个简单的例子，假设有两个方案，一个红绿灯多，一个拐弯多，其他各项都差不多，那么哪个更好呢？可以统计以往的机评和人工评测的结果。分析已有历史数据，计算先验概率P(A|B)=P(A,B)/P(B)，A表示路线是bad case，B表示长度、时间等各种条件和竞品对比结果的组合。假设以往这种情况红绿灯多但拐弯少的为好用例的概率是80%，红绿灯少但拐弯多的为好用例的概率是20%，那么我们就可以认为红绿灯多，但拐弯少为好用例的概率更高。所以基于统计比较直观，好理解。

以下是基于统计建立模型评测的步骤：

1）获取方案在各个条件下为好用例的概率：

- 收集机评和人工评测的数据。
- 对每个用例的好用例和不好的用例，对比距离、时间等各项，得到对比结果，如果某项比较好则计 1，比较差记 0，差不多记 2。如 12011 表示第 1、4、5 项比较好，第二项差不多，第三项比较差。好和差是有个范围的，比如长度如果长 10% 以上记为差，相差在 10% 以内都认为差不多。
- 对每一种结果，统计其为好用例的概率。比如对于 12011，一共有 100 个用例对比结果为这种情况，其中 70 个为好用例，30 个为不好的用例。那么 12011 对应的好用例的概率为 70%。

2）对于方案 A、B，对比距离、时间等各项，得到对比结果，如 110011 和 001100。这表示 A 方案在 1、2、5、6 项上较优，B 方案在 3、4 项上较优。根据第一步的结果，得到 A 方案为好用例的概率以及 B 方案为好用例的概率。

3）对比两个概率值，得到最终结果。可能的结果为：A 比 B 好，B 比 A 好，A 和 B 相差不大（两个概率相差较小或各项指标都差不多）。

规避误判：误判肯定是有的，可以通过区间的方式来避开容易误判的情况。比如一个计算出的概率为 55%，一个计算出的概率为 45%，那么我们可以把这种情况归为不能判定，防止出现过多的误判。另外，对比各项的时候，也可以设置一个区间。比如 A 方案和 B 方案的距离，如果相差在 10% 以内，那么我们就认为这两个方案在距离上都是没问题的。防止出现距离相差不大的时候距离还被作为一个评判条件。

4.1.7 特殊情况

以上适用于一般城市的导航评测，对于一些特殊情况，并不需要这么复杂的方案，仅仅对比路线长度，即可发现大部分不好的用例。比如步行路线和跨城路线。因为步行路线不涉及道路等级等问题，如果规划的路线偏长，或者规划了行人不能走的路，通常就是数据问题。比如，如图 4-8 所示，步行路线里出现了立交桥的道路，显然不合理。

图 4-8　走了立交桥的步行路线

跨城路线大部分情况下都是走高速，道路等级一致，如果路线偏长则可能有问题，比如图 4-9 上方的路线。

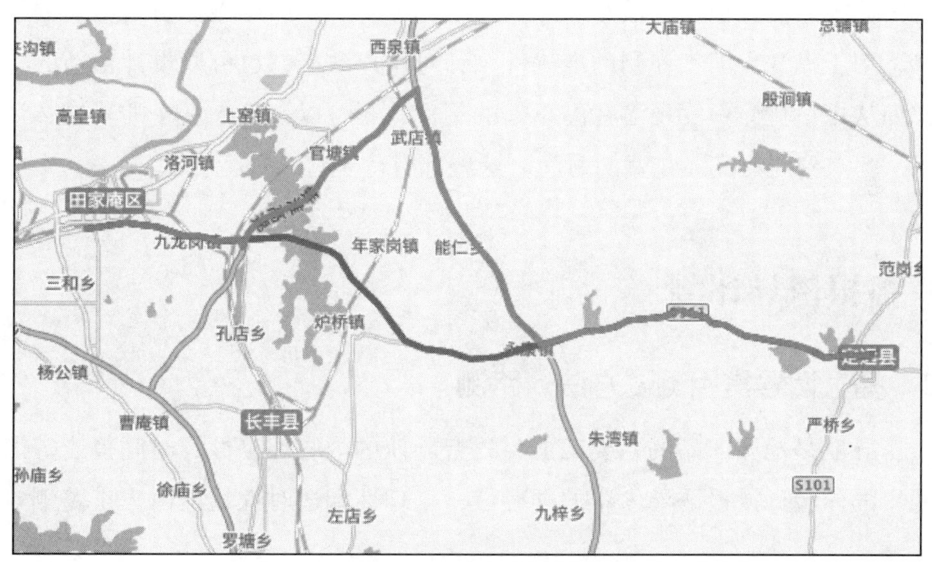

图 4-9　两条跨城路线

现在外卖发达了，骑行导航的需求也越来越多。对骑行的路线规划来说，大路小路影响不大，但是逆行还是有影响的。还有就是穿小区或学校的时候，会遇到某个门不能通行的情况。这样就需要结合街景等工具来进行评测。如图 4-10 所示，规划的路线经过了关闭的门。

图 4-10 经过不可通行地点的路线

4.1.8 展望

目前的方案还存在误判率较高的问题。减少误判率可以大大降低人工分析的投入。道路等级等信息现在还没有加入到自动化评测中，后续将会引入更多关于道路的信息，用于提升自动化评测的准确性。针对用户数据，也可以设计出新的评测方案，比如从用户行为中发现潜在的不好的用例，还可以分析大量车的轨迹，计算某个时刻从起点到终点实际花费的时间。这些都有待于将来进行尝试。

4.2 播报诱导评测

4.2.1 播报诱导常用测试方法：路测

语音导航是地图产品的主要功能，语音导航的内容准确性，时间得当等因素影响着用户的体验。播报诱导内容的准确性，合理性和适时性目前由人工路测等方式进行评测。

通常在路测的时候，评测人员手拿被测产品，在车辆的实际行驶过程中，完全靠“耳”听，凭着完全主观的感觉去判断播报内容是不是正确，从而发现不好的用例。

但是路测存在用例较少、覆盖面小、操作复杂、耗时长且成本高等缺点，且没有一套完整的评测方案和方法。针对这些痛点我们该如何快速有效地进行播报诱导的评测呢？

4.2.2　室内评测是否能代替路测

1. 诱导的过程

地图上的操作：当用户想去一个地方，便可以在地图上输入终点，点击开始导航，便可以看到地图给我们规划出来的一条路。随着车辆的行驶，地图会按照规划的线路给予用户指引，如：“前方左转，随后 100 米右转”等，如图 4-11 所示。

图 4-11　路线规划图

从这个过程中，我们可以看到，用户输入的只是一个起点和终点，地图返回给用户的是一条线路和线路上的信息（播报内容）。

由上可知，要规划一条线路的必要条件是：

- 起点（P_start），终点（P_end），在地图上一个点的唯一且准确的标识就是经纬度（GPS 点），而且很容易获得。

- ❑ 另外就是需要手机在移动，从而地图程序才能根据当前手机所在的经纬度判断此时应该播报什么样的内容。这些连续的点称为点串 P_list（P_start，P1，P2，P3，……，P_end）

知道了这个原理，是否可以在室内重现这一场景呢？

2. 室内回放

然而，地图产品一般只提供文字的输入方式，我们如何才能输入起点和终点呢？通过调研，我们可以通过 Android 的系统调用来模拟位置定位。

例如：起点是 P_start，终点为 P_end，需要获得整个过程中的播报内容。

规划线路如下：

- ❑ 模拟终点（P2），此时，手机的位置是 P2，且是手机的中心点，设置中心点为“终点”(大多数产品可以通过长按来实现终点的选取)，如图 4-12 所示。

图 4-12　点击屏幕中央作为终点

- ❑ 模拟起点（P1），此时，手机的位置为 P1，点击导航。

这样，一条线路就规划出来了。

模拟手机设备移动：手机的移动过程也就是一连串 GPS 点的模拟过程，按照上面模拟方法将我们要经过的点（P_list）进行依次回放即可。

通过室内的回放，解决了我们外出成本高，用例量小的问题，针对一些在路测时由于路程太远而跑不到的道路也可以进行测试。

4.2.3　耳听为虚，眼见为实

实现了室内回放，虽然在一定程度上解决了我们的问题，但是人的大脑记忆力是有限的，在“听播报”的过程中，可能存在漏听，注意力不集中导致遗漏不好的用例的现象。那么有什么办法能变成“看得见”的播报呢？

通过对播报流程的了解，其实我们听到的语音也是由文字转化而来。那么当程序在产生文字的时候，将它存储下来，便可以把看不见的播报转化为看得见的播报。

我们需要“看到”什么样的播报内容呢？在路线上的什么位置，进行了怎样的播报。

也就是需要在路线 P_list（P_start，P1，P2，P3，......，P_end）上，标识出各个点的播报内容。

在获取播报内容时并不知道播报的位置的，只能知道时间，如 time1 时播报内容为 tts1。另外，在模拟路线的时候，我们是知道当前模拟了什么 GPS 点的，如 time1 模拟的点为 P2，那么将两条数据一合并就得到了我们想要的“在 P2 这个点播报了 tts1 的内容”。内容如下：

```
1453857935070,114.116749,22.664491,<usraud>导航开始</usraud>。
1453857937196,114.116564,22.664657,四百六十米后进入平湖收费站。
1453857953562,114.115137,22.665994,两百米后进入平湖收费站,请减速慢行,随后靠左直行。
1453857965817,114.114854,22.667289,进入平湖收费站,随后八十米靠左直行。
1453857977068,114.115013,22.668482,靠左直行,不要下坡,往华南城,平湖方向,随后一百米到达目的地。
1453857986209,114.115551,22.669129,到达目的地,位于道路右侧。
1453857989292,114.115843,22.669294,到达目的地附近,位于道路右侧。 <usraud>导航结束</usraud>。
```

得到了这样的文本，就不用再担心听错或者忘记了，还可以随时翻阅一下播报内容。

4.2.4 找到更多不好的用例

1. 与竞品的对比

当我们得到那么多路线的播报诱导内容后，开始进行评测，但是大家“看着”这样的播报挺好呀，没有什么问题，但是为什么用户吐槽那么多呢？有一句话叫“没有对比就没有伤害”，于是我们想到了一个点子，是不是和竞品对比一下，能帮助我们找到更多的问题呢？抱着试一试的心态，我们按照同样的方法获取到了口碑较好的两个产品的播报内容。

多个播报内容放在一起一进行比较，就找到了一系列的问题。

如下左边为竞品的播报内容，右边为被评测对象的播报内容：

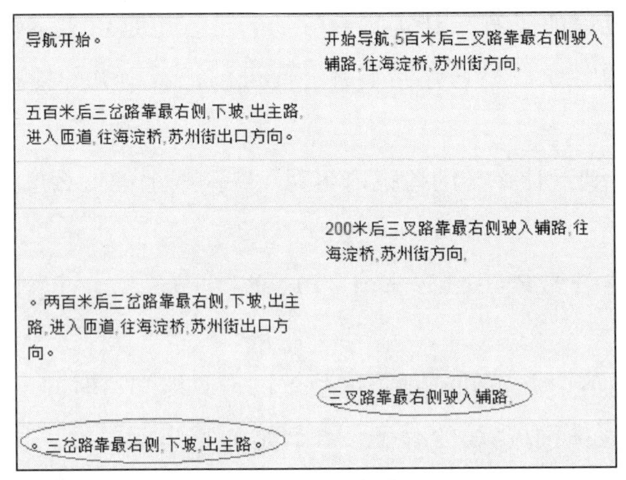

导航开始。	开始导航,5百米后三叉路靠最右侧驶入辅路,往海淀桥,苏州街方向,
五百米后三岔路靠最右侧,下坡,出主路,进入匝道,往海淀桥,苏州街出口方向。	
	200米后三叉路靠最右侧驶入辅路,往海淀桥,苏州街方向,
。两百米后三岔路靠最右侧,下坡,出主路,进入匝道,往海淀桥,苏州街出口方向。	
	三叉路靠最右侧驶入辅路,
。三岔路靠最右侧,下坡,出主路。	

可以看出，从转弯点的准确性上看，都是“三岔口靠最右侧”，但是一个有下坡，一个没有。从用户的主观体验上讲，提示辅助播报“下坡”更能准确的提示用户走正确的路。

2. 评测的维度

获取到了多个地图产品的播报内容文件，那么我们如何来评测呢？

首先，最主观的感受就是，机动点转向类型是否正确，例如前方有三岔口，播报的是否正确，这类问题我们归为“准确性”。

如下：这样类型的路口应该播报为“三岔口靠左行驶”“三岔口沿中间行驶”“三

岔口靠右行驶”，如图 4-13 所示。

准确性评测需要做到以下的几点：

- ❑ 在不在，看转向播报是否存在，不存在则直接否决。
- ❑ 对不对，看转向播报是否正确，不正确则直接否决。

其次，播报的辅助等信息是否全面和简洁，我们归为“播报内容的优劣”或者“好坏差（相对两两对比而言）”。

图 4-13　街景图

【例 4-1】

前方,在第二个出口靠右前方行驶,往北四环,颐和园方向。

200米后在第二个路口靠右行驶,往圆明园西路,北四环,颐和园,圆明园方向,

如上，左侧播报的“往北四环，颐和园方向”，右侧播报为“往圆明园西路，北四环，颐和园，圆明园方向“，方向数目分别为 2 个和 4 个，很明显，4 个方向太多很繁琐，所以从“简洁性”上看，左侧播报得较好。

【例 4-2】

前方,在第二个路口靠右前方,不要上坡。

靠右行驶,随后靠左行驶,

如上，左侧播报为“第二个路口靠右前方，不要上坡”，右侧播报为”靠右行驶“，从转向上看都是“靠右行驶”，但是左侧多了两个要素，一个是路口特征，一个是辅助播报。通过实际路测的经验，从“全面性”来看，显然左侧播报得较好。

最后，就是播报时机了，我们归之为“适时性”，一般又分为2个维度：播报轮次和最后一轮播报的及时性。

但是由于工具的有限，以及文本感知和实际开车的感知相差较大，首先，工具回放是匀速的，但是实际开车的速度会根据不同的交通状况、时段、路段、个人习惯等差异而变化，其次，室内看静态地图和室外动态运行的个体感知完全不一样。种种因素决定了适时性无法单一地靠室内评测来完成。

一般室内评测需要关注两点，一点是播报的轮次是否正确（如，需要播报4轮，在起点足够远的条件下，是否播报了4轮），另外就是最后一轮播报的距离是过近（如，最后一轮播报是距离转向点150米，那么最后一轮播报与转弯点的距离不要超过正负50米）。

下面是依次查看播报的轮次是否正确，在看最后一轮播报与转弯点的距离，如图4-14所示。

图4-14　语音播报内容在地图上的显示

4.2.5　评测平台的建成

有了各地图产品的播报内容和评测方法，但是评测起来还是比较费劲。比如想看看地图上的路是什么样的，同时也想看看街景，于是便诞生了评测平台。

首先，我们需要方便地管理用例，所以评测的页面需要左边有一颗导航树。另外，需要展示语音播报内容，并且能够看到地图、街景等。整体的平台页如图 4-15 所示。

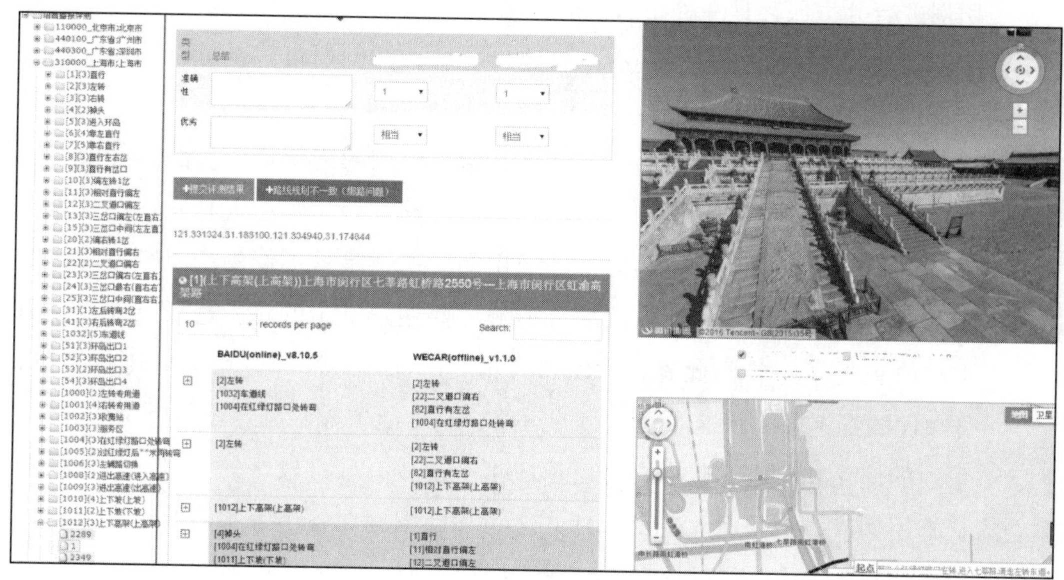

图 4-15　播报评测平台

4.2.6　评测用例的优化

在后续多次的评测过程中，遇到了各种问题和小麻烦，驱使我们去改进和优化评测方案以及工具平台。

1. 用例选取的优化已经分类

- 如何解决偏航？在多次评测和试验中发现，路线较长会导致偏航，在起点和终点相同的情况下，每个地图产品规划的路线是不一样的。那么我们该怎么规避这个问题呢，缩短路线的长度是否会更好？于是我们从一段较长的路以转弯点作为中心，前后延长 1 分钟 –2 分钟的距离，将一条长的线路截断成多段。再降这些小分段分别进行回放，得到的播报文本数量大大的减少了。

另外，就算是较短的路径也还是会存在路线不一致的情况，那么我们又该如何减少无效用例呢？4.1 节有一系列的判断 2 条道路是否一致的方法，将各家地图产品规划的路线取出来，借用这些方法我们便可以将这些无效的用例消灭了。

- 如何有效归类用例？另外，每个转弯点的类型是不一样的，在很多情况下需要专项的对某种转弯类型进行评测和优化，于是，在截取分段的过程中，将用例进行分类保存是一种很有效的方法。

此外除了转弯点的类型外，还有一些路口特征，辅助播报等也可以作为用例的类型进行存储。

- 什么样的用例才是用户最关心的？最开始，评测的用例从大量的路线中去随机选择，经常会走到一些无人问津的山区小路，而且路形很特殊，并且需要修复不好的用例会引起更多的不好的用例，这样是得不偿失的。于是我们改变了选取用例的策略，可以从后台挖掘一些用户常走的路，这样一来我们离用户就更近了一步。此外，大城市（北上广深）的各种道路类型比较丰富，每次评测都选取的是这 4 个城市的道路，基本能覆盖各种各样的类型。

一系列的优化和改进，选取用例已形成了一套较有效且较好的方案。目前我们建立的基础用例库，数目已达到 2000+，这些基础用例在各个版本修改时，可以作为准入标准，且在迭代评测过程中，case 正不断增加。

2. 通过几轮的评测，不好的用例率有所下降，解决了很多类型的问题。

【例 4-3】三岔口识别错误，如图 4-18 所示，播报内容为“3 岔口中间行驶”，实际应该是“二叉路靠左”，主要原因是将左后方一条路判断为了另一个分叉，如图 4-16 所示。

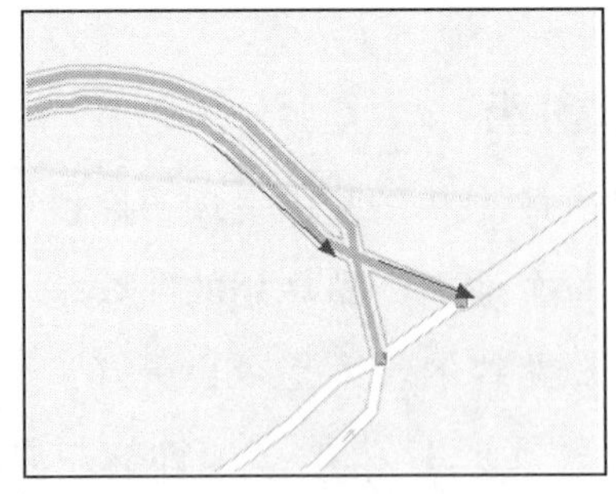

图 4-16 行车路线和方向

【例 4-4】行驶方向如图 4-17 所示。

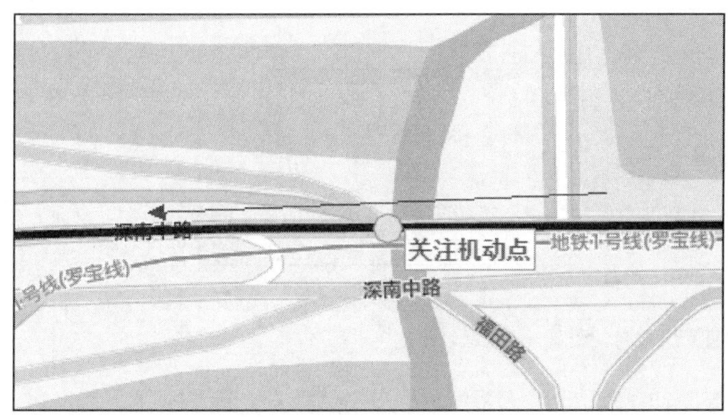

图 4-17　行车路线和方向

从播报内容看缺少“靠左直行”(左侧为竞品，右侧为被测 App):

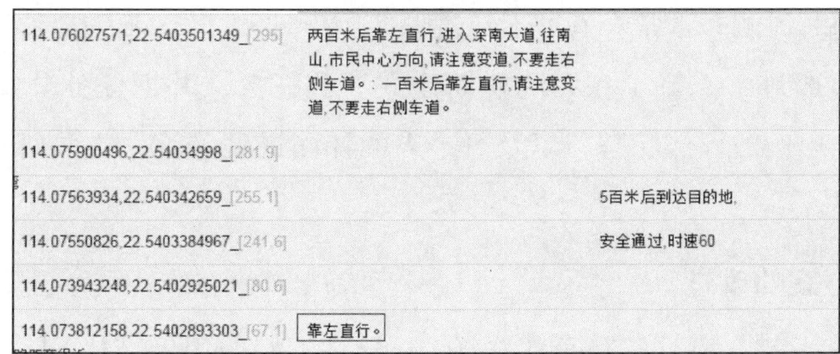

114.076027571,22.5403501349_[295]	两百米后靠左直行,进入深南大道,往南山,市民中心方向,请注意变道,不要走右侧车道。: 一百米后靠左直行,请注意变道,不要走右侧车道。	
114.075900496,22.54034998_[281.9]		
114.07563934,22.540342659_[255.1]		5百米后到达目的地,
114.07550826,22.5403384967_[241.6]		安全通过,时速60
114.073943248,22.5402925021_[80.6]		
114.073812158,22.5402893303_[67.1]	靠左直行。	

结合街景，可以看出播报“靠左直行”较好，如图 4-18 所示。

图 4-18　街景

通过修改后，得到的播报内容如下，修改为“保持左侧道路行驶”也可以正确指导用户。

当前道路限速70,您已严重超速.

5百米后到达目的地,

请保持左侧道路行驶,

4.2.7 让评测更快，更好，更准

每次的评测遇到的困难以及得到的经验都驱使我们不断的改进评测方案和平台工具

1. 平台工具的优化

多个人同时评测时常常会有“不知道哪些用例评测了””不知道评测的进度“等等问题，通过改进，支持了在评测初期建立评测任务，并把任务分发给每个评测人，记录每个用例的评测状态，以及每个人的评测进度等等，这系列的改进大大加快了评测效率。

2. 评测方案的改进

最开始的评测方案，只有两种选择，0 分是不好的用例，1 分是好用例。但是很多情况下，都是与竞品进行比较的，这样的评测方式只能知道各自有多少个好用例，而无法知道和竞品进行对比我们相差多少。

于是，“较好，相当，较差”的评测方式产生了：

- 当比竞品好（评测对象为不好的用例，竞品为好用例），评价为较好。
- 当比竞品坏（评测对象为好用例，竞品为不好的用例），评价为较差。
- 和竞品相当（有两种情况，两者都不是不好的用例，两者都是不好的用例），评价为相当。

3. 更多待实现的优化

但是，目前仍然还有很多待实现和解决的问题。

例如，获取播报诱导数据时间较长，每个用例的结果获取时间相当于一个实际的行车时间。是否有更好更快的方法直接获取播报结果呢？还有待研究。

另外，人工评测比较耗费时间，最理想的办法就是自动化智能的去判断和竞品的差异，在我们多次的人工评测基础上已有了一些经验和总结，后续就是将这些经验转化为自动化评测，这将大大缩短我们评测的时间。

4.3　本章小结

本章主要介绍了导航过程中最重要的两个部分——路线规划和播报诱导的评测方案。评测的目的都是寻找不好的用例，来进行优化。不断的重复发现不好的用例，解决不好的用例这个过程，来减少我们产品中的不好的用例，提升导航的质量。

虽然本章分了两个部分来讲，但是评测的思路大体上是一致的，总结以下三点：

- 评测用例要经过精心设计，不能随机选取。对路线规划来说，通过用户数据提取测试用例，优先评测用户量大的用例，保证在一定的用例量下尽可能覆盖更多的用户。对于播报诱导来说，考虑用户量的同时，还将用例按照路口类型分类选取，保证覆盖常见的路口类型。
- 通过不同产品的对比，更容易发现自身产品的缺陷。
- 对于需要大量用例的评测，尽可能做成自动化的形式，只有用例量足够多的时候，才能发现现有缺陷。

第 5 章 Chapter 5

修一条时刻畅通的高速路——网络优化

最近几年，我们针对 App 的网络性能优化工作并不多，但每一次都是投入人手较多、时间跨度较长的大任务。速度、成功率与流量是 App 网络优化的几大重点，本章通过两个案例的分享，希望能够给正在开展或将要开展此类工作的读者们一些启发。

在案例一中，我们重点讲解了如何提升上传速度和成功率的“鱼翅”项目，重点分析了在移动网络下影响上传速度和成功率的因素，一次次的调优算法并验证，最终提炼出能应对网络质量瞬息万变的鱼翅算法。案例二则是讲解了我们在不删减功能的前提下如何提升某产品待机流量，重点讲解了流量测试的基本方法、流量自动化测试的经验，以及提炼出的流量优化的通用方法。两个案例都详细介绍了我们在项目过程中遇到的困难以及如何解决。

5.1 上传速度和成功率的优化

2012 年初，当时的 Android 版手 Q 在带宽大而稳定的优质网络下的图片上传速度偏低，在带宽小而质量差的弱网络下传输成功率更低。我们团队尝试着对手 Q 的图片传输方案进行优化。通过半年多的研究、评测、实验和开发，我们推出了代号为“鱼翅”的适合移动网络的文件自适应传输方案。该方案将手Q的优质网络下的传输速度提升近60%，弱网络下的传输成功率提升更是高达8倍。

现在，国内的移动网络从当年的2G为主已经升级到以3G甚至4G为主要网络覆盖类型，可以说网络质量得到了大幅提升，特别是带宽的提升尤为明显。尽管如此，我们依然相信，“鱼翅”在应对多变的移动网络时的一些核心思想，以及我们在研发鱼翅过程中的一些方法和思考，对今天的App网络优化工作仍有借鉴意义。下面我们将会分享这些内容。

5.1.1 任务背景及方案雏形

1. 背景故事

在讲述鱼翅的核心思想之前先花点篇幅来介绍一下研发鱼翅的背景。2012年初，腾讯移动互联网事业群（下文称“MIG”）的许多产品都有图片分享这一功能（其实，直到现在，用户间的图片分享仍然是移动互联网产品最常见的功能之一），但是用户却常常反馈，上传图片时经常失败。我们团队就启动了代号为“大白鲨”的专题专项研究测试任务，该任务将针对图片上传这一功能进行深入而细致的横向对比评测与研究分析，旨在提出一套全新的图片上传方案，提升各个相关产品在图片上传这一功能上的用户体验。任务持续了大半年的时间，名为“鱼翅”的全新方案脱颖而出，它不但吸取了MIG几大重要产品（微博、手Q等）在图片上传功能上的精华，同时在我们综合分析大量实验数据后为其引入了数项新的创新策略以及反复调优得到的核心参数。最终，“鱼翅”率先落地于Android版手Q，极大地提升了这一拥有数亿用户的超级App的图片上传功能，得到了用户们的广泛好评。

值得一提的是，由于我们的任务是旨在用最小的代价优化几大拥有数亿用户的现有产品，所以从一开始我们就将任务的主要发力点定格在终端传输策略的优化上，而尽量不改变前后台通信协议，也尽量不改变后台传输、存储策略。所以，“鱼翅”是一个单方面优化终端策略的网络优化经典案例。本来我们的计划是，如果“鱼翅”效果不错，那么我们就会进一步对通信协议、后台策略进行改进。但是后来由于公司架构发生了很大调整，相关产品从MIG移交到了别的部门，所以该计划只得暂停。

2. 方案雏形

“大白鲨”的第一个阶段，我们详细分析了当时 MIG 几大产品的上传方案，了解到每个方案中都有一些可取之处、也存在一些都没解决好的问题，于是我们决定把这些各自的“闪光点”都放到“鱼翅”中作为一个基础；同时，我们针对大家都没处理好的一些问题提出我们的一些改进设想，于是，我们有了鱼翅的方案雏形，其要点和相关考虑罗列如下：

1）必须分小片传输一个文件（图片）。

理由：

- 由于当时后台的能力无法支持单个网络包传输失败后对包里剩余字节的断点续传，所以若整个文件（图片）放在一个网络包里进行传输，一旦失败，就必须重传整个文件，这样给用户带来的流量浪费是巨大的。因而采用把一个文件分片的方式传输，则只需要在某一个分片失败后重传这一个分片。
- 单个消息越大传输时越容易失败（快速数学证明：若文件大小接近 0，则传输成功概率接近 100%；而文件大小无穷大，则传输过程必然会失败），而移动互联网的整体质量比有线网络要差，相同大小的消息会更容易失败；因此就应该把一个较大的文件分成一个一个的小片进行传输，每个小片更容易成功一些。

2）不同类型的移动互联网下的分片初始大小应该有所不同。

理由：不同移动互联网的带宽和稳定性的差异都很大，如 WiFi 和 2G，使用不同大小的初始分片应该能更好地适应对应类型的网络，但是至于每种网络下的初始分片到底多大，这需要进行实验。

3）在上传一个文件（图片）的过程中，应当尽可能动态增大分片大小（例如，后一片是前一片的 N 倍），以减少分片数量。

理由：分片动作会带来不少额外开销，如 C/S 两端拆分与合并分片的时间、传输时的额外流量（HTTP 头等）、每个分片的 RTT 等等，所以理论上传输同一个文件用的分片数量越少，应该额外开销越小。

4）确定每个分片是否要继续增大之前，要检查网络类型是否发生了变化，一旦跟前一片传输的网络变得不同，则新的一片不能继续增大而是转而用新网络类型下的初始分片大小进行传输。

理由：移动互联网下，由于用户的“移动”而时常发生网络类型切换的事情（如，3G变2.5G），一旦网络类型变了，其带宽、时延、稳定性等等因素都发生了很大的变化，所以需要分片大小能“归零”，以迅速适应新的网络，减少失败的概率。

5）分片一旦传输失败，应当使用该网络下的初始分片大小进行重试。

理由：若网络类型并没有产生切换，但某分片传输失败了，则说明该网络的质量可能已经下降到不再适合传输这个大小的分片，会有较高再次失败的可能性，因此转而重新用该网络下的初始大小的分片进行重试，以提升重传成功概率、同时减少再次失败所带来的流量浪费。

6）每个分片都有一定次数的失败重传机会，当一个分片的所有重传都失败了，才定义为图片传输失败。

7）配合后台服务器能力，待用户手工再次重试失败传输的图片时，能断点续传。

3. 待解开的疑问

鱼翅的这个方案雏形尝试改进了当时各业务上传图片时存在的不少弱点，举几个例子。例如，有的业务不把图片进行分片传输会导致的失败率高、流量浪费多；又例如有的业务尽管用分片传输策略，但分片的大小是固定的，这样一来，优质网络下的带宽利用率可能就很低（传输速度远不如不分片传输的那种方案）；还有的方案是重传失败分片时并不改变其大小，因而重传的成功率并不高。尽管新方案有了不少改进点，但我们心中仍然存在不少疑问，若能找到答案，则鱼翅就会更加可靠和强大。这些疑问如下：

- 疑问1——关于“长连接”：由于图片传输时，使用的是HTTP，那么是否当时的所有运营商网络都支持HTTP的Keep-alive这样的长连接？如果不支持，那么会导致每一个包含分片的HTTP请求都要进行一次TCP的连接，依据我们的经验，移动互联网下的连接成本很高，2G网络下甚至有时高达2S。如此大的分片开销是完全没法接受的！所以，如果运营商网络都支持Keepalive，则一个文件（图片）的多个分片传输仅需首个分片传输前建立一次连接；甚至，多个连续发送的图片都可以复用第一张图片建立好的连接。

- 疑问 2——关于分片大小：如果在传输过程中，后一片分片总是 N 倍于前一片分片的大小，那么，不同类型、不同质量的网络下是否存在最适合的初始分片大小和最大分片大小？如果没有最大分片，岂不是越到后来传输失败的概率越大？
- 疑问 3——关于分片对于速度的影响：显而易见，如果将原本不分片的传输方案改造成分片传输，由于分片引入的开销，必然导致传输速度会有下降；那么，有没有办法让这一下降的幅度尽可能的小，从而在不影响用户速度体验的前提下，通过分片方式得到提升传输成功率和减少流量浪费的好处呢？
- 疑问 4——关于分片传输成功率：对于单个分片的传输，其失败的诸多原因中最主要的到底是什么？如果能找到办法解决这个最主要的导致单片失败的问题，岂能不提升单片传输成功率，从而进一步提升整个文件（图片）的上传成功率呢？
- 疑问 5——关于失败重传策略：当前的失败重传策略是否奏效，是否是最好的？如果不是，那么还不如不重传，因为如果重传成功率低，必然带来新的浪费。

为了解开这五大疑问，我们开始了长达数月的自我解惑工作，如下所示：

- 对于“疑问 1”这样的有关运营商的问题，我们找到了熟悉相关行业技术的专家请教，得到初步答案后，开始通过各种网络下的实验进行核实。
- 对于后面四个疑问，我们先采取在不同特征网络下的大量实验、配合抓包数据分析的手段来定性。
- 同样对于后面四个疑问，在基本定性之后，我们则采取开发实现鱼翅、然后在不同网络下进行参数的调优实验的方式来定量。
- 在定性和定量阶段，不断根据更加深入的认知，去优化鱼翅的方案。

功夫不负有心人，在成百上千次实验后，上述 5 个疑问的初步答案基本浮出水面，如下所示：

- 关于“长连接”：当时的运营商网络基本都支持 HTTP 的 Keep-alive，通过实验发现，不仅一张图片的分片可以复用第一分片建立的 TCP 连接，有的时候时间间隔稍短的下一张图片甚至也可以复用上一张图片的连接。这样就不必担心分片会带来巨大网络开销。

- 关于分片大小：不同网络下的初试分片大小非常难确定，或者根本就不存在，但最好根据网络的理论带宽各自取一个较小的经验值（后文会给出）；分片的大小上限则应该存在，后文讲述的鱼翅核心思想会提到为什么有，且我们怎么去找。
- 关于分片对于速度的影响：基于上一个问题的答案，这个问题比较好回答，就是只要有算法能尽可能快的找到“当前网络下的分片上限”，用这个上限值去发送分片，就能将分片带来的速度下降体验减轻到最低。
- 关于分片传输成功率：根据我们大量实验的结果，发现移动网络的质量经常会发生的特殊变化（下节会详细讲述这个“特殊”问题）是传统的网络超时算法不能适应的，而这种不适应，非常容易导致传输超时带来的失败。所以，我们把寻找适合移动互联网的“传输超时算法”作为提升分片传输成功率的关键。
- 关于失败重传策略：还是由于移动互联网质量有时发生的特殊变化，所以当时失败重传策略的确有优化空间，下节会讲述如何优化这个点。

5.1.2 鱼翅的要点

随着对几大疑问的不断分析与挖掘，我们也不断地改进着鱼翅，终于得到了 1.0 版本的鱼翅方案，本节将会详细聊聊鱼翅正式版的一些核心思想。

1. 鱼翅 1.0 主流程

相比鱼翅的方案雏形，鱼翅 1.0 版本的主流程有如下改进：

1）为了能更为快速地寻找适合当前网络的分片大小上限，分片大小的计算逻辑抽象成独立的复杂模块，我们叫它 SSCM，它专门负责根据一个文件的已传输分片的统计数据来计算下一个待发送分片的大小，这样就实现了“自适应动态根据网络现状调整分片大小”的效果；SSCM 是鱼翅的要点之一，关于 SSCM 的详细情况下一小节会细讲。

2）单一分片在“雏形”中会直接交给 HTTP 协议栈进行传输，而在 1.0 版本中，这个“传输”动作改进成较为复杂的一个独立事务，全新的超时处理方法的秘密就在这里，单片发送成功率的提升就是这样达到目的的，所以“单片发送流程”也是鱼翅的另外一个要点，详情也会在后续小节详述。

3）重试策略也是鱼翅的一个要点，相比方案雏形最大的改进，就在于每一次重试的时间间隔不再是“立刻重试”，而是选择类 TCP 超时重传机制的指数回退方式进行，因为我们做了多次实验发现，移动互联网下做立刻重试是非常不明智的，重试失败率近 100%；因为，移动互联网网络出现问题后的恢复周期远长于有线网，需要给它更长的时间让其主动恢复，或者手机用户主动运动以改变所处的网络的质量，而运动也需要花较长的时间；因此我们选择不立刻重试，而是等待一段时间（例如，10 分钟），如果再失败，我们等待更长时间。经多次测试发现，如此的策略能极大提升重试成功率，避免不必要的重试。

接下来，我们展开讲述一下 SSCM 和单片发送流程的主要思路。

2. 鱼翅 1.0 的分片大小计算模块 SSCM 的要点

SSCM 的核心思想是“鉴古通今”，即每一个分片发送的大小、速度等信息都是后续分片大小计算的依据。因为移动互联网随时在发生着变化，我们处理当前的事务时，一定不能忘记刚刚发生的事情以及历史上发生过的事情，这些数据都是宝贵的财富，我们应当想办法充分使用它们。同时，由于移动互联网带宽资源是有限的，所以尽量不要做为了搞清网络状况而发起一些额外探测包的事，这样只会加重本已负担很重的网络负荷。因此，应要想办法利用必要的数据包发送时所反馈出的一些信息来分析网络状况。

通过对大量的实验数据进行分析和思考，我们认为每一个网络（某个时间、某个地点的某一个类型的移动互联网）都应该有一个最适合的分片传输大小，在这个大小下进行传输，所能达到的速度相对接近某个极大值，对该网络的带宽利用也最为充分。基于上述考虑，我们将 SSCM 的原理画了一张手绘图，如图 5-1 所示。

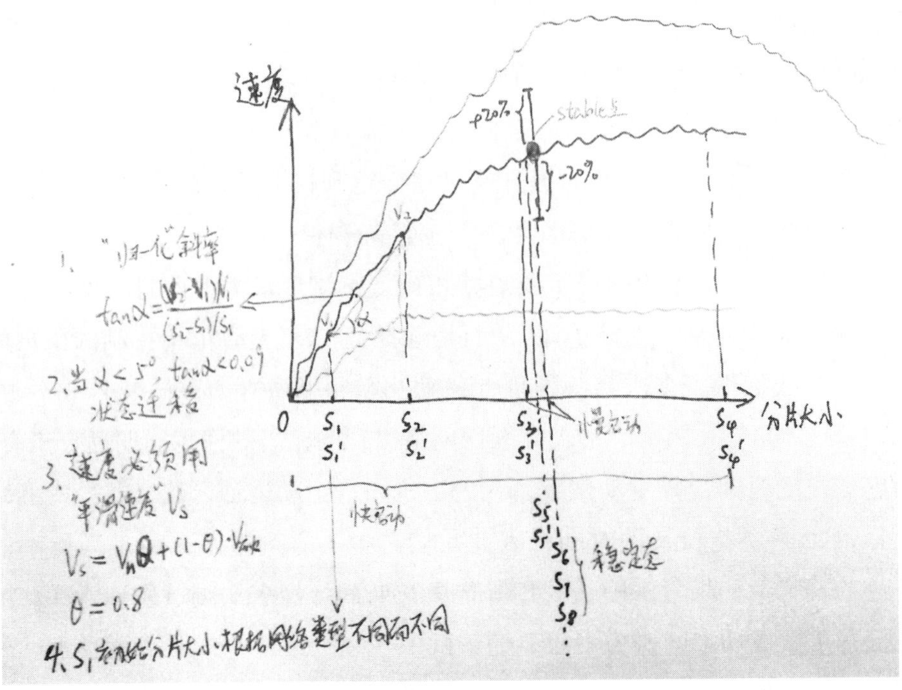

图 5-1 SSCM 原理手绘图

下面是 SSCM 的要点：

1）把一个文件传输的全过程按照分片大小的增长快慢分成三种状态：QUICKSTART（快启动，分片以一定倍率快速增长）、SLOWSTART（慢启动，分片以一个远小于快启动增长倍率的小系数缓慢增长）、STABLE（稳定态，分片大小不在变化）。

解释：

- 状态迁移的触发条件是"分片传输速度随分片大小的增大而变化的幅度"，即图上的"归一化斜率"。
- 结合图 5-1，通过大量实验发现，任意网络的最大可用带宽肯定不同，分片从小变到大，其传输速度也随之增大（增速也不同），但是分片增长到某个大小（我们姑且称这个大小为 Ss，其实这是一个范围）之后再继续增大，对速度不仅不再有正向影响，有的网络下反而会让速度减小。这个实验结果很重要，因此鱼翅在传输图片时最初的状态是 QUICKSTART，目的是以一个较快的增速把分片大小增大到 Ss，而不希望待文件（图片）都传完完毕时，分片的大小仍比 Ss 小很多，这样的上传是没有充分利用网络带宽的。而快启动之后会切入慢启动，即从快启动下的最大分片 Smax 回退到前一个次大小分片 Slmax，然后从 Slmax 为基数、以一个相对较慢的微调增速放大分片，最终找到 Ss，进入稳定态不再改变分片大小，直到发送完毕。

- 可能有人会问，跨过 Ss，继续增大分片有何不妥？两点理由：一是有的网络下速度反而下降，原因是网络负担加重会导致 TCP 重传增多（实验结果）；二是分片越大，失败概率越高（数学和实验双重证明）。
- STABLE 态下如果速度发生巨大变化（我们的经验值是超过 20% 的变化），我们认为网络质量发生了巨大变化，当前的 Ss 已经不适合了，就会且回到 QUICKSTART 重新寻找新的 Ss；这里之所以不会试图分析变化趋势而对原有 Ss 进行微调，主要是无法做简单分析来判断到底网络是变好了还是变坏了，读者朋友们有兴趣可以想想。

2）不同类型网络下的初始分片大小皆为测试经验值，具体数值是多少借鉴意义不大。原则就是带宽越小的网络初始分片大小越小，带宽相同的情况下，WiFi 下的初始值也大于移动网络的。

解释：尽管 3G 网络的速度很多时候都跟 WiFi 差不多甚至还更快，但是 3G 网络的流量收费，而 WiFi 不收，所以保守一点进行首片试探。

3）若待传输图片（文件）小于某个经验中的“较小值”，我们认为是“小”图（文件），传输它时对应网络下的初始分片大小会增倍。

解释：对于小图，总共的分片数量较少，所以通过放大初始分片大小，可以显著减少分片数量，从而提升速度效果明显。

4）每一种状态下的分片大小增长因子都不同，QUICKSTART 下是相对最大的值 N，慢启动下是比 1 略大的 M，稳定态下就是 1（不改变大小）。

5）每一个新计算出的分片大小都会使用不止 1 次，计算是否切换状态的速度也用的是多次的平滑值。原因是大量测试发现，移动互联网的网络速度抖动比较大，因此希望多次确认出一个稳定的速度，不然很有可能因为某一次速度的突然降低而找到一个远小于真正 Ss 值的稳定态。（在鱼翅的 1.1 版本中这个点有较大的改进，后文会提及）。

6）判断几个状态是否切换用的是分片大小、平滑速度一起计算出的“归一化斜率”，这个斜率能较为准确地反映上面“手绘图”中的分片大小与对应速度的曲线图。具体用什么斜率来作为切换也都是基于实验经验值，一开始鱼翅用的是图中的角度5的Tan()。各位读者有兴趣也可以自己尝试找找适合自己业务的这个值。

7）对于文件末尾的处理，鱼翅也是由大量实验结果分析得出：即发送一个很小的剩余文件尾（哪怕只有几个字节），其所带来的额外开销（例如RTT延迟）也跟较大的分片差不多，因此鱼翅方案对于剩余文件大小小与当前计算出的最新分片大小的X倍时，就会将剩余文件内容全部放到最后一个分片中发送，避免出现“小尾巴大开销”的浪费。

讲到这里，鱼翅的核心思想已经陈述过半。相信经验丰富的读者们一定设计过比SSCM复杂的多状态机，但是这里需要强调的是，这个模块的策略及其核心参数的最终值都是对成百上千次实验结果的分析后逐渐得出的，这个过程很苦、也很美妙。

3. 鱼翅1.0单片发送流程的要点

在鱼翅研发过程中，我们对于如何能提升“单片传输成功率”这个难题可谓绞尽脑汁，试尽了各种办法。首先，需要提到一个重要信息：通过大量实验，我们发现了移动互联网下文件传输失败的一个重要原因，即移动网络的质量/带宽经常会发生“跳变”，而不像有线网络那样的“渐变”，这就导致无论怎么设置网络请求的RTO（超时重传时间）值都不合适。大部分失败都是因为应用层自身超时造成，而这样的超时失败很可能发生在一个分片已经完成了99%的数据传输时，其所带来的用户流量浪费就显而易见。因此，我们决定大胆放弃传统意义上的RTO概念，转而提出MNVT（Max Net Vacuum Time，最大网络真空时间）概念，这样的改进，经实验和实际运营数据双重证明，单片传输成功率提升明显。

稍微展开点讲述单片发送流程里的几个要点：

1）网络真空时间（NVT）是指，应用层发起的文件传输过程中，通过监控网卡状态，发现的传输层连续没有任何数据发送的时间长度。

2）在一个分片上传过程中，我们放弃了 RTO 超时机制，转而在发出上传请求后，启动一个独立线程去监测出现的 NVT 是否超过了设定阈值（MNVT），我们的 MNVT 也是个经过实验的经验值，根据运营数据在持续调整。

一点解释如图 5-2 所示。

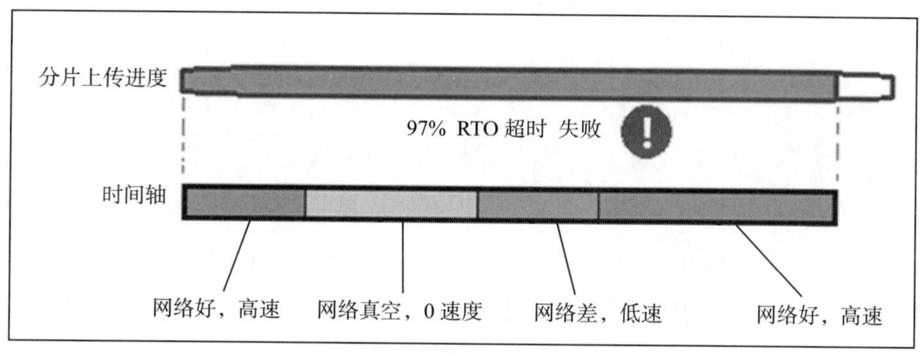

图 5-2 网络真空对 RTO 的影响

如图 5-2 所示，通过大量真实场景下的测试、抓包分析，我们发现一个图片（文件）的分片在移动互联网下传输过程中，这个网络的质量经常可能发生比较剧烈的变化，这种变化是“跳变”而非“渐变”，可能前一秒钟网络发送速度是 5KB/s，而下一秒中就变成了 0.1KB/s，因此即便是动态地根据前一个分片的实际发送速度来确定当前分片的 RTO，都是不具备参考性的，非常容易因为该值设定不准确而产生失败。同时，由于移动互联网下的流量都是要花钱的，所以用户已经花掉的流量应当尽量为用户所用，如果总在已经传输 90% 多时因超时而重传，这就会极大地浪费用户的流量。所以为了解决以上提到的“RTO 很难设定准确，带来许多失败”的问题，并达到以及“为用户尽可能省流量”的目标，鱼翅在一个分片发送过程中就通过探测每个监控间隔是否为 NVT 来确定是否还要继续等待分片发送，如果已经有 MNVT 这么长的时间都没任何数据上行了，才会认为该分片彻底失败，因为这样的情况发生了，只能说明网络已经糟糕到极致了。

4. 鱼翅 1.0 之后的几点重大改进

这里提到的“鱼翅 1.1”其实是在鱼翅 1.0 落地手 Q Android 版之后，尝试在 iPhone 手 Q 上落地时，又进行了许多实验。根据实验结果，我们对 1.0 版本进行了数项非常有效的改进，于是得到了 1.1 版本的鱼翅。总体来看，1.1 的效果好在两个方面：1）成功率保持不变的前提下，传输速度更快了；2. 弱网络下的用户等待时间变短（注：1.0 在有的较差网络下，会让用户等待很长时间，才会宣告文件传输失败）。

下面也花一点篇幅简单提一下这些改进点，相信对各位读者的优化工作也会有些启发：

1）MNVT 的单一衡量标准，修改为“MNVT（最大连续真空时间）”和“MSNVT(最大累计真空时间)”，其中 MNVT <MSNVT

理由：首先是后来经过大量测试，发现有不少网络下都是连续真空出现 10s 了，又恢复了几个字节的极小数据传输，而后又连续真空 10 来秒。这样一来，传输一个文件（图片）要花特别特别长的时间，即便最终成功用户也是很难接受的。所以引入了 MSNVT，即一个分片传输过程中，所有发生过的 NVT 的累加值为累计真空时间（SNVT)，其上限值为 MSNVT，若 SNVT 达到了 MSNVT，分片传输也宣告失败。

2）分片失败后的重试间隔除了指数回退（Ns\2Ns\4Ns)，再增加一个“有效重试”检查。所谓“有效”就是每一次重试时检查一下当前网络是否断开，如果是断开的状态，就不做重试（因为此时的“重试”是无效的，根本不会发送)，而是继续等待一个相同时间间隔，最长等待到一个上限时间 Xs，如果网络还是断开的状态，就认为“这一次重试放弃”，直接进入下一档（例如 20s）的回退间隔。

理由：在网络断开时不做无意义的重试尝试，那样做就是浪费资源（流量、电量等)。

3）为了提升 WiFi 下的传输速度，这一版鱼翅在 WiFi 网络下的初始分片大小进行了大胆放大；因为 WiFi 下的流量免费，失败重传代价很低。所以读者朋友们也可以大胆尝试一个比较夸张的值，但最好别“不分片”，毕竟还是有可能会失败的，而失败后至少重传会浪费用户的时间。

4）为了进一步提升 WiFi 下的体验，缩小速度上与“不分片传输”的差距，鱼翅 1.1 的 WiFi 分片大小策略为“只增不减”（除了失败情况下，会从初始分片大小开始重新增长)。即归一化斜率满足增长条件时，就直接增长，不做多次确认；当归一化斜率达到迁移 SLOWSTART 条件时，也不做迁移，而是维持当前分片大小继续发送。

5）WWAN（非 WiFi）网络下分片策略修改为“单增多确认”，确认次数为 2 次。

理由：所谓的“单增多确认”就是不像鱼翅 1.0 那样每个计算出的分片大小要使用 N 次，目的确认对应的速度值；相反，1.1 版里变成了一个分片大小在默认情况下就使用 1 次，如果归一化斜率满足切换状态条件了，才会把这个分片大小的值再重复用一次以达到“确认速度是否稳定”的目的，最多两次确认后，归一化斜率依然满足状态切换要求，则发生状态切换，调整分片增长率。这是为了“更加迅速地”从 QUICKSTART 达到稳定态，以减少“图片传完了还没达到 Ss”的情况的发生。

6）WWAN 网络分片大小设定一个上限。

理由：大量测试中发现，有不少非 WiFi 场景下，分片的大小会变得非常大，这样一旦失败，就会浪费巨大的用户流量，所以为了以防万一的失败，就给非 WiFi 下的分片大小设定了一个经验值上限。

7）判断是否为 NVT 的条件变成“一个监控间隔内是否有超过 Y 个字节的上行数据”。

理由：同样，通过大量测试发现，如果严格按照一个监控间隔内完全没有数据传输才算 NVT，那么经常会在一个间隔内出现几十个字节、甚至几个字节的极小流量发出，而本来即将到达 MNVT 就宣告失败的一次传输又将继续等待下去。通过实验抓包分析，我们才知道这样的极小流量，在许多时候，是一些网络控制包或者单一的 TCP 重传包，这都说明网络其实很差，不应该为这一个包而继续等待，浪费用户的时间。

5.1.3 探索过程中的经验与思考

前面已经非常详细地剖析了鱼翅两个版本的核心思想，其实除了鱼翅方案本身，我们半年多探索鱼翅方案的过程中尝试了很多实验评测方法及工具，我们也希望分享给各位读者。下面就是我们的思考与总结。

1. 基础决定成败

但凡决定要做一个比较大的事情，必须先把一些直接影响成败的基础工作做好，否则稀里糊涂投入了许多资源，最后若由于基础有问题导致失败则是非常浪费时间的。对于鱼翅来讲，有一个“基础问题”必须考虑，如有一个可靠的答案，我们才敢投入四五个人大半年的时间，那就是前文提到的第一个疑问——“运营商对HTTP的Keep-alive”的支持如何？因为如果运营商不支持，则整个鱼翅方案是不可行的，分片会带来传输速度的极剧下降，任何局部的优化和研究就失去了意义。所以，为了后面的“大军投入”，我们先花了几天从两个方面来搞清楚这个问题的答案：1）请电信方面的专家咨询；2）自己动手对几种典型的运营商网络（移动2.5G，联通2G/3G等）进行测试，抓包分析。当然，最终的答案是：这些网络都支持，只是各个运营商支持的程度不一样，但是完全不影响我们鱼翅的性能，因此，我们决定大兵压上。

2. 工欲善其事必先利其器

这句话绝对是真理！大白鲨专题任务的前期是对现有业务的各种方案进行性能测试加方案分析，但是中后期是要出优化方案，这已经不是简单的评测工作。尤其当我们面对鱼翅方案雏形所联想到的那么一大堆问题的时候，我们意识到要解决这些疑问，我们需要做一些：

1）为了找规律、分析问题、调优方案的核心参数，我们需要在Lab里进行大量的调试、实验、测试，也需要在真实的移动互联网下做大量的真机对比测试。

2）到“外面的世界”，即移动互联网的真实场景（运动的地铁、公交，繁华的商场等等），去验证鱼翅的真实效果，还要根据当时的测试结果实时调整参数值看新的效果；同时，发现和定位只有在真实网络下才能发现的更多问题。

3）无论是上面的哪一条，我们都需要尽可能的多抓取网络数据包来分析，因为光看日志是远远不够的。

以上的这些事情是整个评测研究过程中天天都要做的，用现有的开发环境我们勉强能对付第一条，但代价巨大：因为我们需要每修改一个参数值就build一个版本，安装到手机上，然后测一遍各种网络下的表现；还需要连着usb线用adb shell配合抓包；鱼翅的参数非常多，我们还需要测不同参数值组合的效果。不用算也知道，我们需要编译安装的版本是个超大的数字！如果真按这样的方式开展工作，就算花整整2年的时间，也未必能完成鱼翅的实验、调优工作。

对于第二条，我们不可能搬N台笔记本连着N个手机去地铁里做的，而当时的业界还没有哪个现成的工具可以支持单纯用台手机就能进行App的简单调试工作。因为我们一方面要看实际运行起来的一些白盒数据，根据这些数据还要修改鱼翅的参数，如果突然出现问题我们还希望看相关日志等更多信息。

所以，我们最终决定自己开发一个"组件"（工具），这个组件可以跟我们的被测App（鱼翅方案的demo）绑到一起，可以实现"随身调试"，具体来讲如下所示：

- 一边操作被测App，一边通过同一手机直接观察的性能指标的变化，例如分片大小、传输实时速度、状态机状态、失败原因。
- 通过手机实时修改一些关键参数却不用重新编译和安装，而是直接在修改后操作App进行测试。例如更改不同状态下的分片增长率、初始分片大小、MNVT值等。
- 在实际环境中测试时，遇到偶然失败的情况或者速度变得很慢，能有一些预先打好的日志可以直接通过手机查看分析。
- 最重要的是，做任意操作时，我们可以直接通过手机抓取网络数据包，便于事后做详细网络分析。

不难想象，这样一个"组件"在我们研发鱼翅的整个过程中起到了非常关键的作用，整个项目组的所有人、所有手机每天都用它。这么好的移动互联网App调优利器，我们不敢私藏，2013年上半年我们认认真真地把它做成了一个在腾讯公司内所有同事都可使用的公共组件，下半年我们又将它发布到了公司外，2016年初我们在Github上将其开源，它的名字叫——GT，本书最后一个章节会对它的原理及使用方法进行详细介绍，有兴趣的同学可以仔细阅读。

3. 外面的世界更精彩

相对于办公室、实验室而言，真实移动互联网使用场景是我们这里所指的"外面的世界"，我们还特别关注那些网络质量不稳定、比较差的真实场景。原因是，从本任务一开始，我们就定了两条优化的方向：

- 重点优化优质网络下的传输速度，而不特意优化差网络下的速度。因为质量差的网络下，传输很容易失败，首先需要提升的是成功率；其次，差网络的带宽本来就小，无论怎么优化，其最大速度通常较低，用户很难感知提升效果。

- 重点优化差网络下的成功率，而不特意优化优质网络下的成功率；因为质量优质的网络，无论哪种方案的成功率都接近 100%，即便花了很大功夫优化，也难以让用户感知。

由于办公室网络已经满足“优质网络”的条件，所以我们主要在公司里用 GT 来调优鱼翅的速度；但是公司里很难模拟出“外面”的真实移动互联网场景，所以对于“提升鱼翅的传输成功率”的相关调试和对比测试我们都需要在 GT 的支持下到“外面的世界”去搞。特别是优化后的对比测试，我们必须找那种容易区分出优化前后效果的场景，否则优化前后的成功率都接近 100% 的情况下就不知道是否优化有效了，而这样的场景往往是质量较差的网络。那么面对如此纷繁复杂的“外面的世界”，我们必须得选择满足如下要求的场景来：

- 使用手机上网的人多的场所，这样的网络会比较容易拥塞。
- 不断运动的场所，这样的网络多切换。
- 信号存在干扰或者部分屏蔽的场所，这样的场所有效带宽低。
- 网络整体质量不能太差的场所，如果太差，以至于优化前后的方案的成功率都接近于 0，那么就有没有“区分度”了。

项目初期，我们做了多次“场外测试”，目的是为了寻找有着上述特征的场景。最终我们选定了几个比较有代表性的场景，就好像赛车时的经典赛道，这里列出来供大家参考：

- 北京的地铁 2 号线环线、10 号线环线（环线有个好处，就是不用总是上下车换乘）。
- 上下班的班车上。
- 北京南站。
- 中关村鼎好电子商城。
- 一辆从公司到地铁站的四环路上的公交车。
- 一条从地面到地下的地铁站隧道。
- 家里的卫生间或者厨房。

- 上万人同时使用手机的演唱会现场。

就是在这些场景下，我们拿着两个装有不同版本的鱼翅和 GT 的手机，在不同的运营商网络下发送着一张接一张的图，对比着 GT 输出的性能指标，思考着背后可能发生的事情，一次次的推翻了我们的一个又一个的中间版本，因为每次在这样的场景下本来在公司里感觉良好的“优化版本”总是会出现一个又一个的新问题。而一旦出现这样的新问题，我们会立刻查看 GT 输出日志做现场分析，有的时候能立刻想到解决办法或定位到根因，但有的问题只能拿着采集下来的现场网络数据包回公司做详细分析。正是这样的一次次的场测，我们了解到很多问题，例如：

- 移动互联网的网络带宽很容易出现“跳变”，下一秒中的传送速度可能降到前一秒的几十分之一，有线网的 RTO 机制解决不了因为超时导致的大量失败。
- 移动网络里经常会有“网络真空”(NV)，即便信号满格也传不出去 1 个字节。
- 在变幻莫测、质量很不稳定的移动互联网下，TCP 的表现非常顽强，从不轻言放弃。

通过这样一次次的场测，我们发现了一个个未知的移动互联网特征，我们见招拆招，不断修改鱼翅方案和参数值，才有了最终的鱼翅。这个过程充满艰辛，但也很有成就感，比如，灰度发布期间，看到运营数据里一天天提升的图片上传成功率。

本案例到此就结束，下面介绍关于如何优化 App 网络传输流量。

5.2 流量优化

目前，国内几大运营商的移动数据业务还都处于按流量计费状态，且超出套餐外的流量收费较为昂贵。 那么，一款 App 是否消耗过多的流量，在用户体验方面影响就显得比较大。一年多前，部门内的某安卓版的产品收到用户投诉，从安卓系统的流量统计中查看到该产品消耗的背景流量偏高，背景流量指 App 在用户无操作时后台运行消耗的流量，主要用于一些推荐和更新等信息的推送，这部分流量对用户是有意义的，但是如果消耗过多而用户没有感知到足够信息的推送，在用户看来就等于变相的“偷”走了用户的金钱。我们经过自测，该产品在常驻后台运行时 24 小时消耗流量 600KB 左右，而竞品流量消耗在 150KB 左右，一个月下来也是一笔不小的开销。我们团队对该产品的背景流量进行了认真的分析和优化，经历了 4 个月左右的努力，成功地将 24 小时背景流量降到了 100KB 以下，并且基本功能无删减。优化后的版本上线后为用户节省了大量的流量，也就是替用户省了钱，收到用户的一致好评。

整个流量优化阶段现在回头想来，经历过三个大的阶段。首先，我们花了大量的精力研究如何测试流量消耗，如何精确得到每个功能点消耗了多少流量，因为如果我们不了解现状，根本无法去优化流量；其次，我们针对每个功能点，根据其功能逻辑，探讨优化方法，以及从全局来看，这些功能点有无精简的可能，从项目之初的无任何优化经验，到项目结束时总结和固化了众多的流量优化经验，我们成功地将流量降到了理想范围；最后，我们思考如何将本次优化的成果持续保持下去，即后续的新增特性不能恶化流量消耗，我们开发并完善了流量自动化监控系统，有力地保障了后续的版本流量不恶化。

下面我们就按照项目的三个阶段来分享优化过程中积累的经验和方法。

5.2.1 摸清现状

项目之初，我们对该产品的流量消耗情况进行了详细的摸底，我们要搞清楚，流量到底消耗在哪了？有没有多余和浪费？

1. 流量测试方法

首先我们对该产品 24 小时的消耗的背景流量进行测试。那么流量测试都有什么方法呢？首先得搞清楚流量是什么？我们的手机通过运营商的网络访问 Internet，运营商替我们的手机转发数据报文，数据报文的总大小（字节数）即流量，这里的数据报文包含手机上下行的报文。由于数据报文采用 IP 协议传输，运营商计算的流量一般都是包含 IP 头的数据报文大小。

搞清楚了流量的定义之后，我们可以思考如何来获取应用消耗的流量。最直接的办法就是在手机上抓包，分析报文的总大小，即为应用消耗的流量；如果手机没有 root，不方便抓包时，可以设置一个代理服务器，手机通过 WiFi，设置为代理服务器方式访问 Internet，在设置的代理服务器上抓包进行流量分析。另外，安卓系统目前也提供了 TCP 流量的统计，如果被测应用使用的是 TCP 协议，则可以直接取该统计值来计算流量。

间接的流量测试方法比如通过第三方流量监控软件来获取流量，还有通过运营商的流量查询方法（短信，营业厅等方法）来获取流量的消耗情况，也都可以达到我们获取流量的目的。

大家在流量测试的过程中，需要根据自身应用的特点，因地制宜选择最合适、最方便的测试方法。下面我们详细介绍两种最常用的流量测试方法：抓包测试法、统计测试法。

（1）抓包测试法

测量流量最直接的方法就是抓包。在 App 运行期间，把手机收发的所有报文都抓取下来，再计算收发报文总大小，即 App 消耗的流量。但是如果我们需要测试某一个 App 消耗的流量呢？项目之初，我们想到的方法是通过第三方应用，来禁用其他 App 的连网权限。下面详细介绍一下这种方法的操作步骤：

第一步：限制其他 App 连网权限。手机上很多 App 的进程是常驻后台的，即使不运行，也会有网络报文。所以，为了准确抓取被测应用的报文，需禁止其他应用的连网权限。我们可以通过手机管家类的软件来禁止连网。如图 5-3 所示，为腾讯手机管家对应用连网控制的界面。

图 5-3　手机管家禁止连网示意

第二步：手机上抓包。

安卓系统上常用的抓包工具是 tcpdump，具体的操作步骤如下：

1）PC 上安装 adb，直接下载或者通过 eclipse 中的安卓开发环境自带的工具集获得。

2）下载 tcpdump: http://www.strazzere.com/android/tcpdump。

3）检查设备连接情况。

```
F:\eclipse\android-sdk-windows\platform-tools>adb devices
List of devices attached
42f706182e469f3b        device
```

4）把 tcpdump 拷贝至 /data/local 目录，注意，/data/local 目录需要 root 权限才能拷入，所以先使用 adb push 拷贝至手机 /sdcard 目录，再使用 adb shell 进入命令行，使用 su 进入 root 状态，cp 至 /data/local 目录。

```
F:\eclipse\android-sdk-windows\platform-tools>adb push ./tcpdump /sdcard/tcpdump
6370 KB/s (645840 bytes in 0.099s)

F:\eclipse\android-sdk-windows\platform-tools>adb shell
shell@t0lte:/ $ su
su
root@t0lte:/ # cp /sdcard/tcpdump /data/local/tcpdump
cp /sdcard/tcpdump /data/local/tcpdump
root@t0lte:/ #
```


```
F:\eclipse\android-sdk-windows\platform-tools>adb push ./tcpdump /sdcard/tcpdump
6370 KB/s (645840 bytes in 0.099s)

F:\eclipse\android-sdk-windows\platform-tools>adb shell
shell@t0lte:/ $ su
su
root@t0lte:/ # cp /sdcard/tcpdump /data/local/tcpdump
cp /sdcard/tcpdump /data/local/tcpdump
root@t0lte:/ #
```


5）为 tcpdump 添加可执行权限：

```
root@t0lte:/ # cd /data/local
cd /data/local
root@t0lte:/data/local # chmod 6755 tcpdump
chmod 6755 tcpdump
```

6）启动抓包，使用命令 /data/local/tcpdump -p -vv -s 0 -w /sdcard/capture.pcap：

```
root@t0lte:/data/local # /data/local/tcpdump -p -vv -s 0 -w /sdcard/capture.pcap
-s 0 -w /sdcard/capture.pcap                                                   <
tcpdump: listening on wlan0, link-type EN10MB (Ethernet), capture size 65535 bytes
Got 115
```

“Got”后面的数字表示当前抓到的包的数量。如果在变化，表示有网络流量。

7）我们刚刚把抓包的结果保存在了 /sdcard 目录下，导出抓包的结果到电脑。

大家看了这么多步骤是不是觉得很复杂，不过不要紧，我们自研的 GT 工具已经把 tcpdump 抓包功能集成进去了，后面介绍 GT 的章节里面会详细介绍抓包方法，在手机上有用户操作界面可以实现一键式抓包。另外 GT 也提供了命令行方式的接口启动抓包，启动命令为：

```
    adb shell am broadcast -a com.tencent.wstt.gt.plugin.tcpdump.startTest -es
filepath "/sdcard/GT/Tcpdump/Capture/test.pcap"
```

停止抓包命令为：

```
    adb shell am broadcast -a com.tencent.wstt.gt.plugin.tcpdump.endTest
```

后面可以看到，命令行方式可以方便的做进自动化测试脚本中。

第三步：根据抓包文件统计流量。这里需要对抓包文件分析，获得抓取的报文总流量，目前 PC 上的抓包软件 wireshark 就提供这样的统计功能。用 wireshark 打开刚刚的抓包文件，点击 Statistics->Summary，如图 5-4 所示。

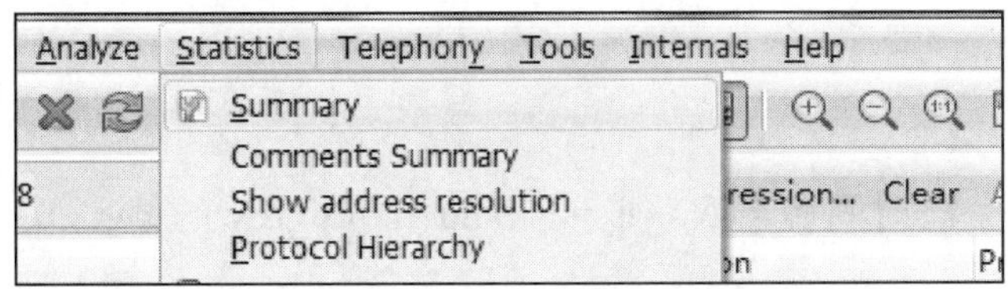

图 5-4　wireshark 流量统计功能

流量的数值为 Bytes 一行的 Displayed 一栏。如图 5-5 所示。

Display
Display filter: ip.src == 119.188.131.158
Ignored packets: 0 (0.000%)

Traffic	Captured	Displayed	Displayed %	Marked	Marked %
Packets	1122	195	17.380%	0	0.000%
Between first and last packet	41.620 sec	13.954 sec			
Avg. packets/sec	26.958	13.975			
Avg. packet size	426 bytes	1259 bytes			
Bytes	477913	245454	51.360%	0	0.000%
Avg. bytes/sec	11482.811	17590.399			
Avg. MBit/sec	0.092	0.141			

流量值

Help　OK　Cancel

图 5-5　wireshark 流量统计详细页

（2）统计测试法

安卓系统自身提供了 TCP 收发长度的统计功能，一般 App 和后台服务器之间的通信都是基于 TCP 的，所以我们可以利用此统计来测试我们 App 的流量，而且安卓提供的该统计功能是按照 App 纬度来统计，不需要禁止其他 App 的连网权限。

下面简单介绍一下操作步骤：

1）使用 ps 命令查看所测 App 的 uid，如下举例，手机 QQ 的 UID 为 10000 + 155 = 10155（即红框数字 +10000）。

```
root@t0lte:/ # ps | grep mobileqq
ps | grep mobileqq
u0_a155   2505  1988  588576 60684 ffffffff 4010f664 S com.tencent.mobileqq:huangye
u0_a155   4343  1988  557928 44276 ffffffff 4010f664 S com.tencent.mobileqq:MSF
```

2）进入 /proc/uid_stat/10155 目录，cat 获取当前 tcp_snd 和 tcp_rcv 的初始值：

```
root@t0lte:/ # cd /proc/uid_stat/10155
cd /proc/uid_stat/10155
root@t0lte:/proc/uid_stat/10155 # cat tcp_snd
cat tcp_snd
391582
root@t0lte:/proc/uid_stat/10155 # cat tcp_rcv
cat tcp_rcv
5840747
```

3）进行测试一段时间后再次获取 tcp_snd 和 tcp_rcv 的值：

```
root@t0lte:/proc/uid_stat/10155 # cat tcp_snd
cat tcp_snd
418375
root@t0lte:/proc/uid_stat/10155 # cat tcp_rcv
cat tcp_rcv
5902341
```

4）所测时间内的流量计算。

发送流量：tcp_snd_new – tcp_snd_old = 418375 – 391582 = 26793 bytes

接受流量：tcp_rcv_new – tcp_rcv_old = 5902341 – 5840747 = 61594 bytes

了解了流量测试方法，我们就开始着手测试产品的流量消耗情况。

2. 每天 24 小时待机测试的加速

在开始测试流量时，我们首先需要搞清楚测试场景，我们需要测试产品的背景流量，在不操作 App 的情况下，我们的测试时长是多少？为了研究这个问题，我们经过了详细的测试，发现一天中每个时间段的流量都是不一样的，即上午的一小时消耗的流量可能与下午的一小时消耗的流量不一样。在研究了 App 的运行机制后，我们发现，App 后台运行时的流量一般都是按照时间策略触发的，每天的各个时间段的发包频率是不一样的。基于这种机制，我们就需要测试 24 小时 App 的背景流量。

搞清楚了测试场景之后，摆在我们面前的难题来了，如果每轮测试都需要 24 小时，那我们的测试效率太低了，每次优化后的版本都需要测试 24 小时，我们可能一年也做不完这个项目。所以我们开始着手研究如何提升测试效率，首先想到的是让系统的时间跑得快一些，比如说实际的一秒钟，我们让系统的时间变化一分钟，这样 24 小时不就变成 24 分钟了吗？我们赶紧验证我们的想法，我们自己写了一个 App，周期性的改变系统时间，发现这种方法是凑效的，但是相比于正常 24 小时的流量，这种方法测试出来的流量是偏少的，通过日志打印，我们发现这种加速方案对大部分协议是生效的，但是对一部分协议不生效，我们对不生效的协议进行了代码分析，发现这部分协议的发送是采用了相对定时器的机制发送，相对定时器是基于系统 ticks 计数来进行任务调度的，修改系统时间对此不凑效，我们开始想到的解决办法是在代码中重构相对定时器的函数，例如传入的参数是一小时调度一次，重构后的相对定时器首先会将传入参数除以 60，再传递给系统相对定时器函数，这种办法是凑效的，但是有一个缺点，就是必须单独编译一个版本，不能直接使用发布版本来测试，这也会对我们的测试效率产生影响，后来经过研究，我们想到了 hook 的方式，动态重构发布版本的相对定时器函数，达到了同样的功效。

最后我们将研究成果和方法总结概括一下：

1）基于时间点的定时任务采用周期性修改系统时间来加速。这种方式在代码实现时是调用了 (AlarmManager)am.set(AlarmManager.RTC_WAKEUP, point, sender) 方法，其中 point 为系统绝对时间，周期性的修改系统时间加速该类定时任务是有效的，这里我们使用 App 的方式来实现，每隔一秒使系统时间增长一分钟。

2）相对定时器任务采用 hook 的方式重构定时器函数。相对定时器采用 Handler 的 sendMessageDelayed(msg, long) 方法进行定时调度，该方法是基于系统ticks计数来进行任务定时调度的，我们采用hook的方式，修改系统的sendMessageDelayed函数，将传入的时间除以60，这样，1小时的周期定时器实际为1分钟。Hook采用xposed框架开发。

使用这两种加速方式，24分钟即可完成24小时的流量测试，大大提升了测试效率。

这种方法也有局限性，比如后台服务器下发的push等信息是后台服务器根据自身的时间策略下发的，终端的这种加速对后台是不起作用的，但是，由于push的流量占比不是很大，所以在我们的优化中这种影响是可以忽略的。

3. 流量精细化监控

项目进行到这里我们已经能很快的获得24小时App的背景流量了，但是这个流量数值是无法指导我们后续的优化工作的，因为我们不知道从哪个网络功能开始着手分析。所以我们需要搞清楚，我们这些流量消耗都干了什么事情。

首先，我们跟业务开发团队进行了沟通，跟开发人员了解流量现状，我们了解到，我们这款App没有采用长连接，所以服务器上的更新、通知等信息是需要App周期性地向服务器发送查询消息来获取的，不同业务的查询消息的发送频率是不一样的。由于业务开发团队是按照特性（feature）来划分的，各自为营，不同开发小组开发的消息结构和发送机制也都是不统一的，而且有很多消息的发送时机选择得也不是很好，服务器返回的内容很多都不是最精简的，存在冗余，所以导致消耗流量过多。

面对如此杂乱无章的流量消耗，我们需要搞清楚我们的App每条IP报文的功能都干了什么事情，理清楚了这些之后才能进行逻辑上的优化，进而进行流量的优化。下面会详细介绍我们是如何搞清楚当前的流量消耗的，如何变无序为有序的。

（1）按照域名进行流量细分

首先，我们对抓包进行了详细的分析，由于我们的App与后台通信只使用了HTTP协议，所以从抓包中是能分析出一些细节的，我们发现HTTP报文发往的host，即域名，例如www.tencent.com，是不尽相同的，域名是用来区分不同的后台服务器的，代表不同的功能，这种方式有助于不同的后台服务器处理不同功能的报文，这样后台服务器可以按照功能来独立部署和升级。基于这个发现，我们首先对报文按照域名来分类。

下面我们详细介绍一下如何按照域名来分别统计流量。首先使用 Wireshark 自带的过滤功能只显示 HTTP 报文，在 filter 处输入 http 即可，如图 5-6 所示。

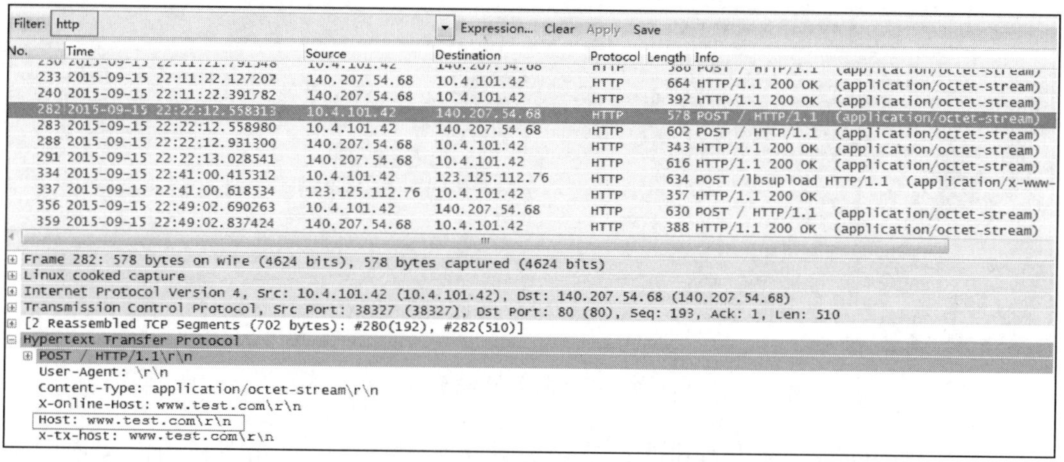

图 5-6　过滤 HTTP 报文

这样 Wireshark 的视图总就只剩下 HTTP 报文了，我们点开一条报文，点开 HTTP 的内容，可以看到有 Host 字段，该字段表示该条 HTTP 报文通信的后台服务器的域名。那么如何统计抓包里面共向多少后台服务器发送过请求呢，可以按照如下方法进行。

首先，在上面按照 HTTP 过滤条件过滤之后的基础上，点击 File → Export Packet Dissections → as “Plain Text” file，如图 5-7 所示。

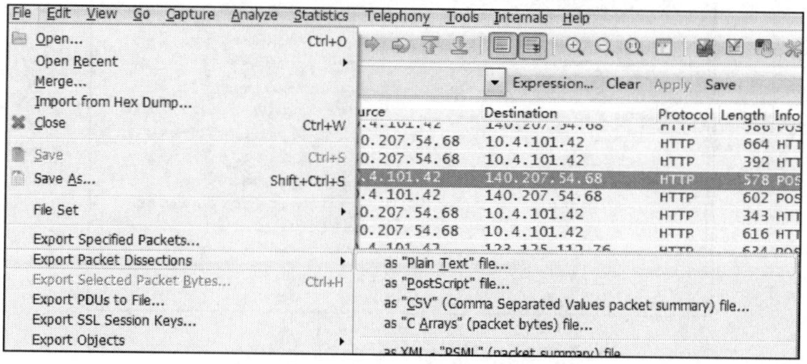

图 5-7　报文导出为文本

该步骤可以将过滤后的报文的详细信息（包含 HTTP 头的信息）存储成文本。格式如图 5-8 所示。

```
test.txt
No.     Time                       Source          Destination       Protocol Length Info
      1 2015-09-15 21:11:36.507711 10.4.101.42     112.80.255.36     HTTP     894    GET /appsrv?usertype=0&cen

Frame 1: 894 bytes on wire (7152 bits), 894 bytes captured (7152 bits)
Linux cooked capture
Internet Protocol Version 4, Src: 10.4.101.42 (10.4.101.42), Dst: 112.80.255.36 (112.80.255.36)
Transmission Control Protocol, Src Port: 48465 (48465), Dst Port: 80 (80), Seq: 1, Ack: 1, Len: 838
Hypertext Transfer Protocol
    [truncated]GET /appsrv?usertype=0&cen=cuid_cut_cua_uid&abi=armeabi-v7a&action=alltabs&firstdoc=&pkname=com.baidu.app
    User-Agent: Dalvik/2.1.0 (Linux; U; Android 5.1.1; GT-N7105 Build/LMY48B)\r\n
    Host: m.test1.com\r\n
    Connection: Keep-Alive\r\n
    Accept-Encoding: gzip\r\n
    \r\n
    [Full request URI [truncated]: http://m.test1.com/appsrv?usertype=0&cen=cuid_cut_cua_uid&abi=armeabi-v7a&action=allta
    [HTTP request 1/1]
    [Response in frame: 4]

No.     Time                       Source          Destination       Protocol Length Info
      4 2015-09-15 21:11:36.746419 112.80.255.36   10.4.101.42       HTTP     651    HTTP/1.1 200 OK  (applicat

Frame 4: 651 bytes on wire (5208 bits), 651 bytes captured (5208 bits)
Linux cooked capture
```

图 5-8　报文文本格式

使用 Notepad++ 的搜索功能，搜索关键字“Host:”，点击“在当前文件中查找”，在搜索结果框中会列出所有的结果，所有的 Host 一目了然，如图 5-9 所示。

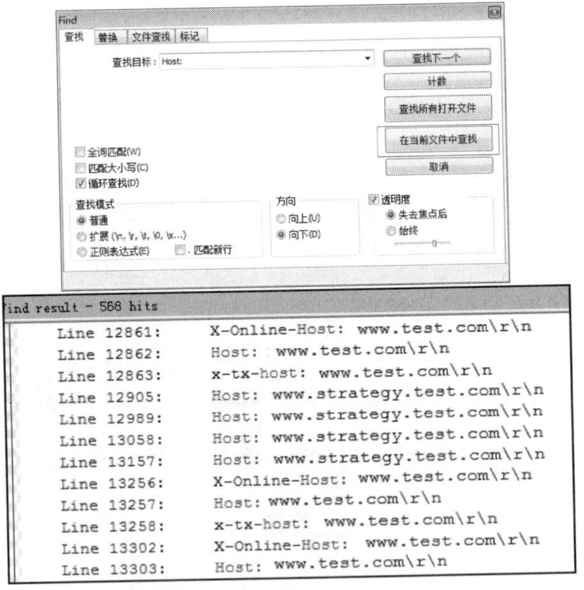

图 5-9　报文文本中过滤域名

那么，对于某一个域名，可以使用条件 http.host == "www.test.com" 将该域名的报文过滤出来，然后就可以得知该域名的 IP 地址。一般同一个域名可能有多个 IP 地址与之对应，因为目前后台服务器一般是一个集群，每个终端都会被负荷分担至某几个 IP 的服务器，如图 5-10 所示。

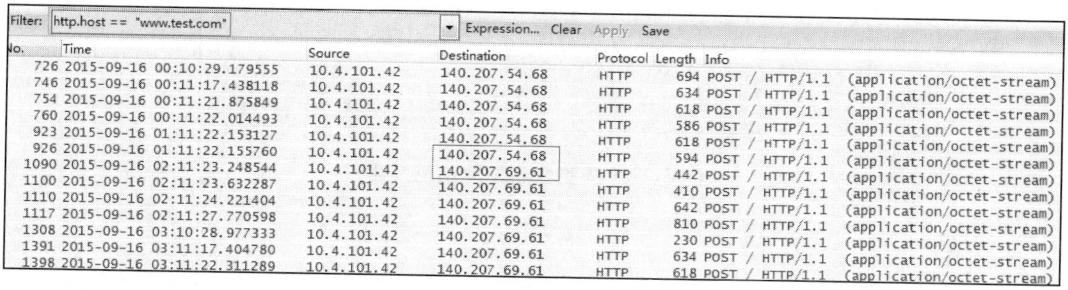

Filter: http.host == "www.test.com"   Expression... Clear Apply Save

No.	Time	Source	Destination	Protocol	Length	Info
726	2015-09-16 00:10:29.179555	10.4.101.42	140.207.54.68	HTTP	694	POST / HTTP/1.1 (application/octet-stream)
746	2015-09-16 00:11:17.438118	10.4.101.42	140.207.54.68	HTTP	634	POST / HTTP/1.1 (application/octet-stream)
754	2015-09-16 00:11:21.875849	10.4.101.42	140.207.54.68	HTTP	618	POST / HTTP/1.1 (application/octet-stream)
760	2015-09-16 00:11:22.014493	10.4.101.42	140.207.54.68	HTTP	586	POST / HTTP/1.1 (application/octet-stream)
923	2015-09-16 01:11:22.153127	10.4.101.42	140.207.54.68	HTTP	618	POST / HTTP/1.1 (application/octet-stream)
926	2015-09-16 01:11:22.155760	10.4.101.42	140.207.54.68	HTTP	594	POST / HTTP/1.1 (application/octet-stream)
1090	2015-09-16 02:11:23.248544	10.4.101.42	140.207.69.61	HTTP	442	POST / HTTP/1.1 (application/octet-stream)
1100	2015-09-16 02:11:23.632287	10.4.101.42	140.207.69.61	HTTP	410	POST / HTTP/1.1 (application/octet-stream)
1110	2015-09-16 02:11:24.221404	10.4.101.42	140.207.69.61	HTTP	642	POST / HTTP/1.1 (application/octet-stream)
1117	2015-09-16 02:11:27.770598	10.4.101.42	140.207.69.61	HTTP	810	POST / HTTP/1.1 (application/octet-stream)
1308	2015-09-16 03:10:28.977333	10.4.101.42	140.207.69.61	HTTP	230	POST / HTTP/1.1 (application/octet-stream)
1391	2015-09-16 03:11:17.404780	10.4.101.42	140.207.69.61	HTTP	634	POST / HTTP/1.1 (application/octet-stream)
1398	2015-09-16 03:11:22.311289	10.4.101.42	140.207.69.61	HTTP	618	POST / HTTP/1.1 (application/octet-stream)

图 5-10 确定域名的 IP

然后使用 IP 地址过滤，以图 5-10 举例，过滤条件为：ip.src == 140.207.54.68 \|\| ip.dst == 140.207.54.68 \|\| ip.src == 140.207.69.61 \|\| ip.dst == 140.207.69.61。过滤的结果如图 5-11 所示。

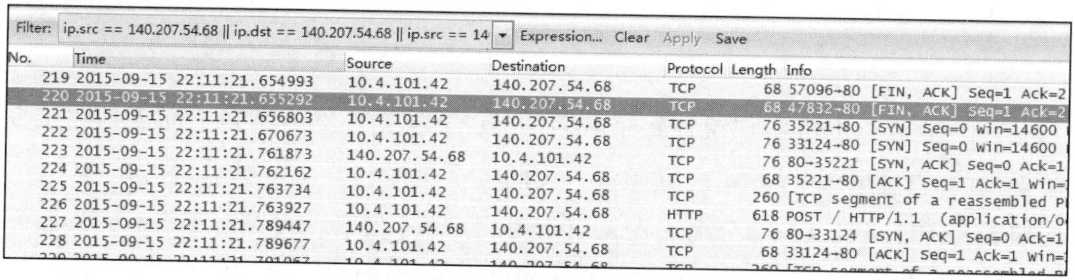

Filter: ip.src == 140.207.54.68 || ip.dst == 140.207.54.68 || ip.src == 14   Expression... Clear Apply Save

No.	Time	Source	Destination	Protocol	Length	Info
219	2015-09-15 22:11:21.654993	10.4.101.42	140.207.54.68	TCP	68	57096→80 [FIN, ACK] Seq=1 Ack=2
220	2015-09-15 22:11:21.655292	10.4.101.42	140.207.54.68	TCP	68	47832→80 [FIN, ACK] Seq=1 Ack=2
221	2015-09-15 22:11:21.656803	10.4.101.42	140.207.54.68	TCP	76	35221→80 [SYN] Seq=0 Win=14600
222	2015-09-15 22:11:21.670673	10.4.101.42	140.207.54.68	TCP	76	33124→80 [SYN] Seq=0 Win=14600
223	2015-09-15 22:11:21.761873	140.207.54.68	10.4.101.42	TCP	76	80→35221 [SYN, ACK] Seq=0 Ack=1
224	2015-09-15 22:11:21.762162	10.4.101.42	140.207.54.68	TCP	68	35221→80 [ACK] Seq=1 Ack=1 Win=
225	2015-09-15 22:11:21.763734	10.4.101.42	140.207.54.68	TCP	260	[TCP segment of a reassembled P
226	2015-09-15 22:11:21.763927	10.4.101.42	140.207.54.68	HTTP	618	POST / HTTP/1.1 (application/o
227	2015-09-15 22:11:21.789447	140.207.54.68	10.4.101.42	TCP	76	80→33124 [SYN, ACK] Seq=0 Ack=1
228	2015-09-15 22:11:21.789677	10.4.101.42	140.207.54.68	TCP	68	33124→80 [ACK] Seq=1 Ack=1 Win=

图 5-11 按照 IP 过滤的结果

点击 Statistics → Summary，就会统计过滤出的报文的总大小，即该域名下的流量，如图 5-12 所示。

当然，上面是手动分析方法，比较费时，而且无法在自动化测试脚本中实现，这里介绍一种 Python 实现的自动分析脚本的方法。pcap2har 为一个分析 pcap 抓包的 Python 库文件，下载地址为 https://github.com/andrewf/pcap2har。下面为一个简单的 Python 示例程序，打印了 test.pcap 抓包中所有 HTTP 报文的 host，请求报文大小，响应报文大小：

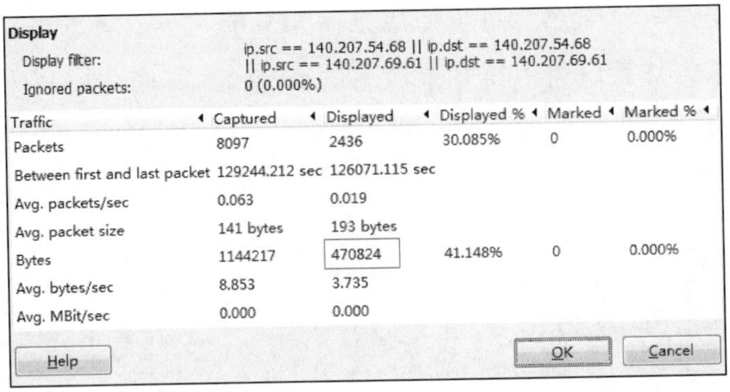

Display

Display filter: ip.src == 140.207.54.68 || ip.dst == 140.207.54.68 || ip.src == 140.207.69.61 || ip.dst == 140.207.69.61

Ignored packets: 0 (0.000%)

Traffic	Captured	Displayed	Displayed %	Marked	Marked %
Packets	8097	2436	30.085%	0	0.000%
Between first and last packet	129244.212 sec	126071.115 sec			
Avg. packets/sec	0.063	0.019			
Avg. packet size	141 bytes	193 bytes			
Bytes	1144217	470824	41.148%	0	0.000%
Avg. bytes/sec	8.853	3.735			
Avg. MBit/sec	0.000	0.000			

Help OK Cancel

图 5-12 按照域名过滤出的结果

```
#!/usr/bin/env python
# -*- encoding: utf-8 -*-
from pcap2har import pcap
from pcap2har import httpsession
dispatcher = pcap.EasyParsePcap('test.pcap')
session = httpsession.HttpSession(dispatcher)
for entry in session.entries:
    request = entry.request
    response = entry.response
print request.host
print len(request.msg.body)
print response.body_length
```

可以使用 Python 实现统计每个域名的 HTTP 流量。然后结合上面流量测试方法提到的 GT 的命令行方式进行抓包，我们将手机抓包，从手机上拷贝抓包文件，按照域名统计流量这三部分功能在自动化测试脚本中实现，再结合手机时间加速方案，我们能很快进行一轮测试，并得到本轮测试按照域名细分的结果。

经过了多轮测试取平均值的方式，我们得到的结果如表 5-1 所示。

表 5-1 各域名对应的流量一览

域名	流量 (KB)
www.test1.com	540
www.test2.com	6
www.test3.com	4
www.test4.com	54
Total	604

我们测试的 App 后台服务器域名共有四个，其中大部分流量都集中在 www.test1.com 上，我们查看这部分报文的内容，发现是无法解析的，因为测试的 App 与该服务器通信时采用了私有的协议进行报文传输，所以后面我们开始研究如何将这 540KB 流量按照功能来细分。

（2）域名下的流量按功能细分

对于报文采用私有协议实现的，要解析这部分报文，需要使用私有协议进行解析，我们 App 的私有协议的实现方式是类似 Protobuf 的二进制编码方式，即每个协议的结构都是预先定义好的，每个协议都需要按照预定义的格式来解析，即如果协议报文的结构发生变化，解析的方式也是需要更新的。

一开始我们想到的方法是将报文解析算法集成到我们的自动化分析脚本中，这样就能将抓包的报文内容解析出来，但是这种方法带来的后果是自动化脚本中的报文解析算法需要实时同步主线版本中的内容，因为网络交互的报文后续的版本是会不断变化的，这样对于自动化脚本的维护成本就会太高。

后来我们想到了直接在 App 中输出报文解析的结果，以日志的方式存储，后期自动化脚本获取日志来得到报文解析的结果。当然 App 的报文日志打印功能需要增加配置，默认是关闭的，正式版本不进行该内容打印，测试时将该配置打开，记录日志供自动化脚本使用。通过打印日志的分析，最终统计到的结果如表 5-2 所示。

表 5-2　各业务逻辑对应的流量一览

	协议	流量 (KB)
www.test1.com	Logical 1	166
	Logical 2	140
	Logical 3	94
	Logical 4	132
	Logical 5	8

这里我们选取了 5 个最主要的流量消耗，其他还有很多流量消耗较少的报文，由于优化空间较小，不在此一一列举。至此，就得到了我们的产品 24 小时的消耗的背景流量总大小，以及按照域名和功能细分后的各个协议逻辑报文的大小，有了这些精细化的数据，我们才能更深一步进行优化方案的分析。

5.2.2 优化精简

搞清楚了所有交互的报文后，我们需要来优化具体的逻辑和报文，对于各个功能，如何在对原有逻辑无损和不影响用户体验的情况下进行流量优化呢，这是个系统工程，因为牵涉到不同的特性小组，修改点比较分散，下面我们详细介绍一下我们的分析方法和优化思路，以及在优化过程中总结出来的法则。

1. 单个协议内容消除重复和浪费

项目之初，面对众多的协议，对这些协议的功能和发送逻辑也不是很了解，很多人感觉无从下手。我们的经验就是按流量消耗从大到小依次分析各个协议报文，这里对单个协议的分析包含功能和代码逻辑的分析，优化主要是不影响功能的情况下去除交互报文的冗余。

我们将协议交互的请求和响应各个字段都打印出来，详细的进行分析，很快我们就看到响应报文中是存在冗余和浪费的，最典型的一个协议报文就是动态获取配置，一般 App 的配置都不是客户端写死的，而是服务器上动态配置的，这样对于一些功能，能方便的在服务器上更改配置，而不需要发布版本。我们的 App 的配置项也很多，比如报文发送的时间点策略，其他的策略，我们从打印中就能看出，一次响应中的配置项的报文长度就高达 4KB，而且获取配置的报文是一小时发送一次的，一天 24 次，就是 96KB 的流量消耗，在配置不变的情况下，每次响应的 4KB 报文的配置数据是完全一致的，这个完全没必要，每次只需要将有变化的配置项下发下来即可。

我们当即与开发团队讨论，开发团队也表示，当初这种实现方法是最简单的，要做到增量下发配置项实现上复杂一些，因为不同的终端当前的配置项都是不一样的，后台服务器如何判断哪些配置项需要下发给某个终端，哪些不需要，是一个难题。我们经过讨论和方案设计，找到了一个较好的解决方案。下面我们将我们的解决方案总结一下。

我们为服务器的全体配置项引入一个新的参数：版本号 version，从 1 开始递增（0 表示没有获取过配置项），每次后台服务器修改了某一个配置项，即更新当前最新的版本号，同时记录下该版本号变化的配置项的索引号，每次客户端的请求报文中都必须携带客户端的配置项的版本号，服务器将客户端的版本号与最新的版本号比较，然后从配置项变化表中查询变化的配置项，将变化的配置项的内容和最新的版本号下发给客户端。整个过程如图 5-13 所示。

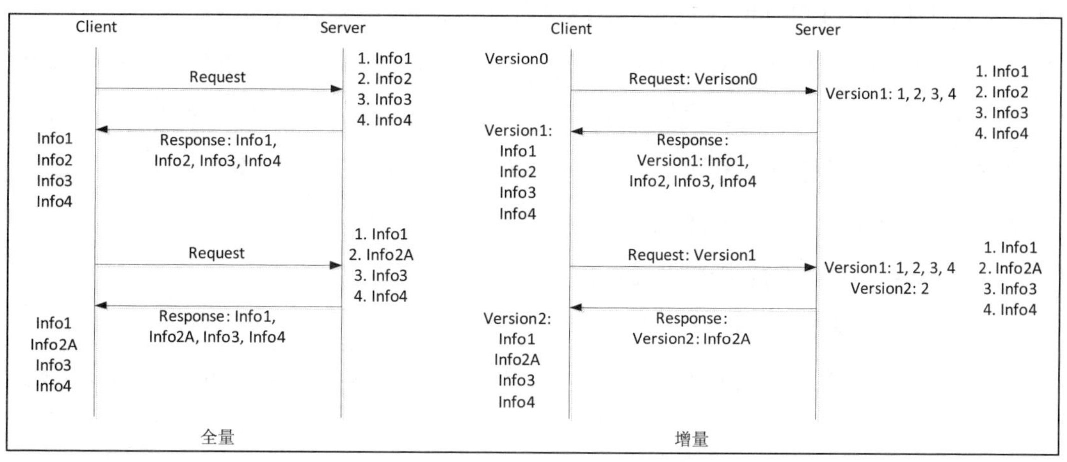

图 5-13　全量与增量拉取数据对比

例子中 Server 有四个配置项，中间修改了第二个配置项，全量拉取的方法每次都将四个配置项的信息都下发，修改成增量拉取后，Server 只需要维持一张各个 Version 变动的配置项的索引号表，即可实现对每个客户端每次只下发有变化的配置项了。Version 1 由于是第一个版本号，所以表中记录了所有的配置项索引号，表示客户端第一次拉取的配置项是全量下发的。

我们使用该方法分析了其他的协议，还有两个协议存在该问题，也使用同样的方法进行了优化，效果显著。

使用了该方法优化后，我们仍发现有个别协议较耗流量，其中有一个协议为拉取热词，即 App 搜索框中推荐的用户搜索最多的词语，这个功能也是所有 App 中常用的一个功能，如图 5-14 所示。

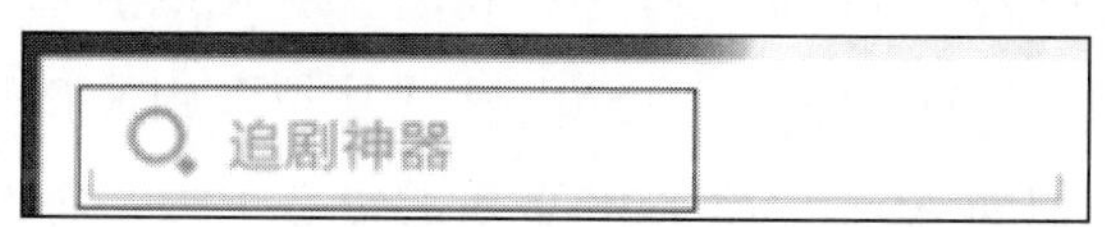

图 5-14　热词示意

即使使用了增量拉取，一天中也会出现2~3次的拉取，因为这个内容一天中确实会变化，因为用户每天搜索的词语都是不一样的。由于热词一次下发的量过大，我们最终从功能逻辑上分析，App在后台运行，用户没有操作的情况下，有没有必要拉取这个信息？原先的设计是在用户没有操作的情况下，预取该信息，在用户打开App时搜索框直接就显示最新的热词，在用户体验方面当然是最好的了，如果不预取，我们只要保证每次用户点开App去增量获取一次最新的热词即可，所以在移动网络后台运行时我们修改成不发送该协议，WiFi下的预取策略我们维持了原样，毕竟WiFi下是不消耗移动网络流量的。

我们把这一阶段的优化经验提炼成两个优化法则：

法则一：增量拉取数据。

App与后台服务器交互时，每次只传输有变化的数据，不变的数据不要重复传输。

法则二：界面展示的数据非WiFi下不预取。

非WiFi情况下，对于App界面展示的数据，在App后台运行时尽量不去拉取。

2. 报文发送频率和时机的优化

在将单个协议报文的流量优化之后，我们需要继续从系统层面深度挖掘优化方法，我们通过和竞品对比，发现我们每天发送的报文数量是远远高于竞品的，于是我们思考，App后台运行时用户没有操作，是什么驱动我们的App发送了这么多报文的？

首先我们发现的是信息上报，对于每款App来说，由于运营的需要，需要后台服务器上采集终端的一些信息，比如上面所说的后台服务器的配置更改，每次配置更改后我们需要统计，有多少用户的App配置已经生效，这里就需要在终端拉取了最新的配置后上报给服务器一条信息，就是终端成功更新配置的时间或者版本号。类似于这种运营需要信息上报的地方很多，我们发现App后台运行时这些信息上报都是实时上报的，如上配置项举例，App每次成功拉取到最新配置后即实时上报一条信息。这样导致我们的App一天有30多条的信息上报，每次信息上报的报文的实际内容其实是不大的，但是报文的头部是很大的，因为需要标识是哪个终端，就需要使用终端ID，常用的是GUID，一个100多字节的字符串，还有很多其他字段，由于历史原因，我们App的协议报文头共有400字节，我们想优化这个报文头，但是经过详细的与开发了解背景后决定先不改了，因为很多字段都是因为历史原因添加上去的，是有用的。

经过思考，我们对这种实时信息上报提出疑问，后台服务器需要立即得到这种信息吗？答案肯定是否的，运营也不是实时去查看这种数据的，所以我们只要保证用户当天上报该类统计信息即可。于是我们做了一个信息缓存，将需要上报的信息先缓存起来，然后周期性的上报，这里我们选取了3小时的周期，一天上报8次，这种非实时信息上报为我们节省了很多流量。

其次，我们发现对于某些发送频率较高的协议报文，研究了功能后发现移动网络下用户点击的概率其实是不高的，比如视频的推送，应用更新的推送等，这些功能都是较费流量的，对于这些功能，移动网络下其实发送频率可以降低，但是不能不发，因为存在某些用户，流量是足够的。所以修改后的方法是WiFi下发送频率不变，非WiFi下发送频率减半，这样流量可以节省一半。

我们把这一阶段的优化经验提炼成两个优化法则：

法则三：实时的信息上报后台运行时改成非实时上报。

后台运行时产生的日志，先缓存起来，后续周期性的统一上报。

法则四：非WiFi场景降低耗流量的功能的网络通信频率。

对于某些网络通信，给用户推送了一些较费流量的功能，这些网络通信在非WiFi场景下可以适当降低频率。

3. 多个报文合并发送

经过前面的优化，我们已经发现报文的头是有400字节的，由于产品开发团队的现状，分属于不同feature team的功能都是在各自的模块中实现的，所以各个团队的周期性的任务都是分别进行的，比如后台运行时1小时与后台交互一次，这种消息我们就发现有两个，3小时与后台交互一次的消息又有两个。这种现状最直接的影响就是报文数量比竞品多很多，报文的协议头开销就不容忽视。简单计算一下，1小时周期的报文一天发送24次，3小时的报文一天发送8次，这样一天共有

24 × 2+8 × 2 = 64 个消息，报文头开销 400*64 = 25600 字节。

对于这种情况，我们将这些周期性的发送消息进行了合并，放在一个消息中与后台服务器交互，打破了 feature team 的壁垒，这样一天只有 24 次的消息通信，报文头的开销为 400 × 24 = 9600 字节，流量消耗大大降低。

这一阶段提炼了一个准则：

法则五：合并网络请求，减少请求次数。

4. 充分利用 WiFi 传输信息

相信进行到这一步，可挖的优化点已经不多，其实换一个角度，我们还能想到一些优化点。目前大部分用户每天都是能连接 WiFi 一段时间的，不管是公共 WiFi 和公司或者家里的 WiFi，我们后台运行的那些报文如果能充分利用好 WiFi，也能为用户节省流量。比如非实时信息上报，前面优化完之后是 3 小时周期上报，但是上报的时机如果用户不是连接的 WiFi，也会上报，就会消耗流量，其实我们做一个简单的处理，就能收到很好的效果，每次非实时信息上报时都判断一下网络，如果是 WiFi，则立即上报，如果不是 WiFi，则再等待一个周期，如果下一个周期 3 小时内用户连接了 WiFi，则在连接 WiFi 的时刻立即上报，如果用户 3 小时内没有连接 WiFi，仍然是在移动网络下上报。

当然，具体的协议和功能需要根据其特点灵活的利用 WiFi 传输信息，在 WiFi 时需要尽量传输信息，不在 WiFi 时要尽量等待下一个 WiFi 连接的到来。

这一阶段提炼了一个准则：

法则六：尽量利用 WiFi 传输信息。

当然，流量优化的方法不限于这六个法则，需要结合具体的逻辑，制定最佳的方案。比如长连接对于 push 类的消息的下发是比较省流量的，它只需要少量的心跳来维持连接，然后服务器有更新和推送等消息时直接通过长连接下发下来，不需要客户端周期性的向服务器发送请求，竞品里面有很多逻辑就是使用了长连接，所以流量消耗较少。但是考虑到引入长连接对产品的架构改动较大，所以这个优化只是排了一个长期计划来一步步实现，不可能短期内实现。

5.2.3 持续监控

经过了我们的优化，App 的流量降下来了，我们的优化项目结题了吗？此时我们面临的问题是后续如何将优化的成果持续保持下去，因为后续可能又会有新的需求需要网络通信，势必又会增加流量，这里我们做了以下两件事来巩固我们的优化成果：

1）我们将总结出来的流量优化经验共享给所有开发小组，进行了一次大培训，势必将这些经验固化成开发经验，开发小组也将这些法则作为网络相关特性开发的 checklist 检查项，力求不引入冗余流量。

2）我们将流量细化的测试方法做成了自动化测试脚本，通过自动化分析 App 运行时的流量日志，可以自动获取总流量和细化后的各个协议流量，写入服务器的数据库，在服务器上我们做了一个 web 展示页面，以图表的方式展示每个版本的流量数据，绘制成曲线，对流量增高的版本需要重点分析流量增长的原因。我们的流量自动化测试已经作为每个发布版本的基本用例，严格监控每个版本流量的增长，持续将我们优化的成果保持下去。

5.2.4 优化过程中的经验与思考

本案例讲解了一般的流量测试和优化方法，提炼了多种流量优化的法则，当然，流量优化的方法不仅仅限于此，实际对自身产品做流量优化时还需要因地制宜，结合自身产品的特征，在不影响用户体验的前提下，做合理的流量精简。

这里简单将我们整个流量优化过程中的一些项目经验总结一下。

1）流量优化开始，需要对当前流量的协议和各个协议的流量消耗进行精细化监控，摸清当前的现状。各个协议背后的业务逻辑也需要了解清楚，当初为啥要这样设计，报文交互的频率是基于什么考虑的，后续的优化是需要在此基础上继续探讨可行性方案的。

2）流量优化团队的工作因为涉及各个开发小组，在项目开始之初是需要得到各个开发小组的支撑许诺的，各个开发小组需要给流量优化项目预留人力的，后续分析的各个优化点涉及的团队是需要进行相关的开发工作的。

3）小步快跑，优化点按计划分批合入发布版本。流量优化涉及的优化点比较多，实务比较杂，可以按照一个月一个发布版本的节奏，及时将完成的优化点合入版本发布，不要等到最后一次性合入，因为主版本的代码随着特性开发总是在变的，不及时合入发布版本，时间一长，优化点的代码就会和主线产生差异，合入的代价就会增大。

4）自动化流量监控平台需要项目之初就搭建，该平台的精细化监控，既可以提供流量优化分析的素材，又可以快速验证每个优化点修改后的版本，会大大提升开发和测试效率。

5）及时总结，每一阶段的优化完成后，需要将经验总结和固化，后续的优化根据这些经验，能更快的进行分析。

6）不能为了流量优化而牺牲功能，这一点尤其重要，我们在整个流量过程中都遵循该原则，每个优化点的修改都不能降低用户体验。如果因为降流量，用户的体验降低，这个就是舍本逐末，毕竟，用户体验是第一位的。

5.3 本章小结

经过了上述两个案例的讲解，相信各位读者对我们团队在速度、成功率与流量这三个方面的网络优化经验有了一个大致的了解，当然每个互联网产品网络优化的点不限于上述三方面，各位需要根据自己产品的特点，因地制宜地选择最影响用户体验的网络优化点，比如 App 的首页打开速度、首屏显示速度等，都与网络息息相关，对于每个优化点，大家可以借鉴我们介绍的两个案例的系统化思维方法，对优化点进行分析，相信各位读者在成功完成每个功能点的优化之后，都可以提炼出适合自己产品的经验和法则。

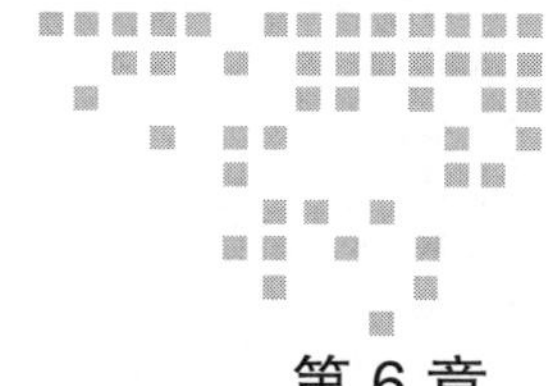

第 6 章 Chapter 6

苗条才是美——应用安装包瘦身

在 PC 时代，随着个人计算机硬盘和内存越来越大，动辄几个 G 的安装包大家似乎也司空见惯了。但是，到了智能手机时代，由于手机的 ROM、内存、流量等方面的限制，我们的安装包大小就不能这么任性了。对于手机 App 的开发者来说，更小的安装包意味着更多的人愿意去尝试、使用你的 App。所以，安装包瘦身是摆在每一个 App 开发者面前的十分重要的课题。本章我们就通过一个瘦身案例给读者介绍一下当前常用的瘦身方法、工具以及瘦身过程中的技巧。

6.1 瘦身的方向选择

一款成熟的手机 App 往往会不断地发布新版本。然而，随着版本的不断迭代，功能点不断增加，其“体积”也越来越大。虽然现在用户手机存储空间越来越大了，但通常来说，用户还是偏爱轻快的应用。更小的 App 能够使更多的用户愿意去下载和体验，所以我们需要对 App 的安装包进行瘦身。

那么，既然瘦身是必须的，我们怎么开始呢？

首先，我们来看一个安装包（APK）典型的组成结构，如图 6-1 所示。

名称	大小	压缩后大小
assets	542 881	459 533
lib	449 764	164 264
META-INF	226 814	74 851
res	1 272 493	862 753
AndroidManifest.xml	22 484	4 799
classes.dex	3 633 436	1 513 280
resources.arsc	233 184	56 336

图 6-1　APK 的典型组成结构

参数解释如表 6-1 所示。

表 6-1　APK 的目录和文件说明

文件 / 目录	说　明
assets/	存放一些静态文件，可以通过 AssetManager 类进行访问，也可能会存放一些插件
lib/	如果该目录存在，一般存放的是 NDK 编译出来的 so 库
META-INF /	从 Java jar 文件引入的描述包信息的目录，保存着 APK 的签名信息
res/	资源文件所在的目录
AndroidManifest.xml	程序全局配置文件
classes.dex	生成的 dalvik 字节码
resources.arsc	编译后生成的二进制资源文件

从 APK 的组成结构可以看出，其中占用空间最大的部分就是代码和资源，所以我们要做安装包瘦身就要从代码和资源这两个方向着手。

通过分析和了解现有的技术，我们很快整理出如下瘦身关键点：

1）代码部分：冗余代码、无用功能、代码混淆、方法数缩减。

2）资源部分：冗余资源、资源混淆、图片处理（压缩、图片转换、点 9 图化等）。

3）对整个安装包做 7zip 极限压缩。

下面，我们将结合一个瘦身的案例来对这些关键点进行讲解。

6.2　案例：瘦成一道闪电

通过前面一节的概要介绍，读者心里可能只是有了一个大致的印象。那么，这里我们以一款实际 App 瘦身过程来进行具体分析。这款 App 的安装包在短短半年的时间内从不到 5M 增加到超过 8M。大大落后于主要的竞品，为了优化用户体验，迫切需要瘦身。

经过对该 App 安装包现状的初步调研，我们将瘦身的目标定为从 8M 减小到 5.5M，超越目前主要的竞品。

下面我们就一步一步地对瘦身过程进行分析。

6.2.1　代码部分

代码的精简是 App“瘦身”的重要方向之一。代码精简对瘦身的效果虽然不及图片，但是代码精简除了能够减小安装包体积，还能够帮助开发者梳理逻辑、简化功能、优化代码执行效率、保护代码和减少低型号机型的限制。

1. 无用代码

无用代码是指工程中那些未被引用的代码和文件，比如未被引用的变量、方法和类等。这种情况的出现主要是一些在旧版本的开发中使用的变量、方法或类在新版本中不用了或者被替换成了新的变量、方法或类，而旧的又没有及时删除，遗留在工程代码中。

对于无用代码，主要采用的方法就是用 UCDetector 对整个工程代码进行扫描，找出引用为 0 的变量、方法、类，然后根据情况进行处理。

UCDetector（Unnecessary Code Detector）是 Eclipse 的一个插件，可以用来检测 Java 无用代码，如没有被引用到的 public 或 protected 类、属性、方法、接口以及常量等。UCDetector 官方下载地址为：http://www.ucdetector.org/index.html。

下面简单介绍一下 UCDetector 的安装使用方法。

安装方法：在官方网站下载后，将下载的 jar 文件放置在 Eclipse 安装目录插件下，如 \eclipse\dropins 文件夹下面，然后重启 Eclispe 即可安装完这个插件。

扫描设置：插件安装成功后，打开 Eclipse → Windows → Preferences 对 UCDetector 进行扫描条件设置，比如扫描引用为 0 的类，如图 6-2 所示。

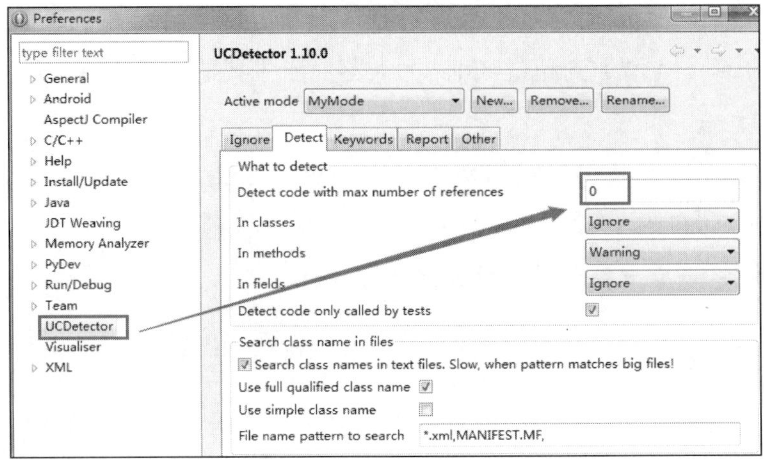

图 6-2　UCDetector 扫描设置

使用方法：

1）对工程进行无用代码扫描（选中工程项目→单击右键→UCDetector→Detect unnecessary code），如图 6-3 所示。

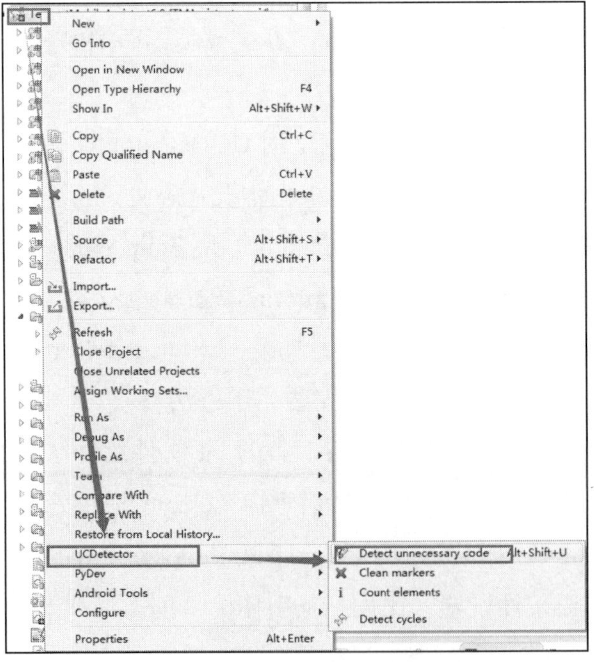

图 6-3　UCDetector 菜单

2）扫描时间的长短依赖于代码量的大小，代码越多，耗时越长。可以在Eclipse的状态栏观察到扫描进度，如图6-4所示。

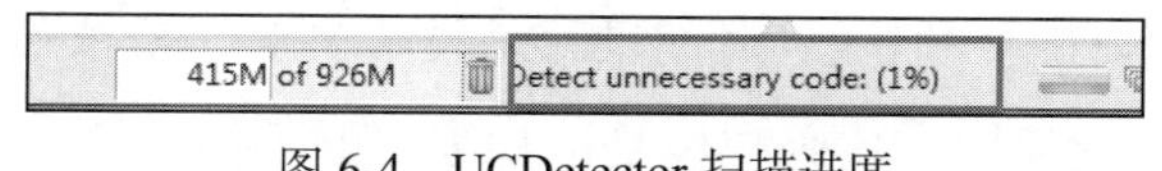

图6-4　UCDetector扫描进度

3）对扫描结果按Type进行排序，可以更直观地看到引用为0的类、方法、接口、枚举型数据等，如图6-5所示。

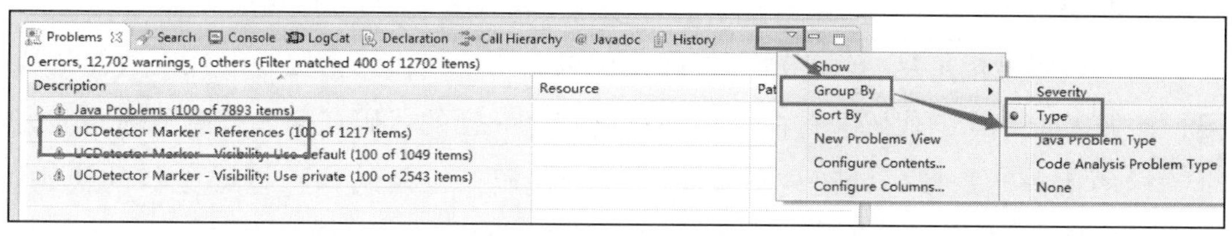

图6-5　UCDetector扫描结果排序

4）扫描完成后，会生成相应的扫描报告。扫描报告会生成在当前Eclipse打开的workspace的ucdetector_reports文件夹中，ucdetector_reports文件夹中默认会有两个文件，分别是.txt文件和.html文件，可以根据需要在设置窗口选择生成.xml文件，如图6-6所示。

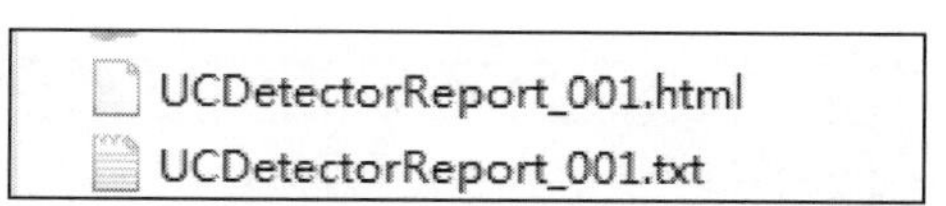

图6-6　UCDetector扫描结果文件

5）根据扫描报告找到没有被引用的class（类）、Constant（常量）、Constructor（构造函数）、Enum（枚举）、Field（域）、Interface（接口）、Member class（成员类）、Method（方法），并进行删除，可以手动删除，也可以写工具脚本进行删除。如果量比较大，建议写脚本工具来批量删除这些无用代码。

UCDetector插件使用注意事项：反射、在XML中配置注入方式、第三方工程的引用、jar包调用等代码的引用方法UCDetector无法扫描到，需要人工判断，建议在删除这些冗余时，先全局搜索一下，有无其他地方引用。

除了这种没有被引用的代码之外，还有一种无用代码，即当产品越做越大时，里面的功能点也越来越多，但却不是每个功能都是必须的，这时，那些可以被去掉的功能相关的代码和文件都可被视为无用的代码。其实很多时候，以前的某一功能可能当时的几个版本有用，但随着时间推移就慢慢失去了价值而被边缘化，甚至不再需要了，这样的功能遗留在代码中也是一种浪费，不如砍掉。

我们对这款 App 瘦身时，通过 UCDetector 扫描无用代码，大约减少了十几 KB。而通过删除无用功能，则减少了将近 250KB，效果相当明显！

2. 冗余代码

冗余代码是指重复的代码或经过优化后可以用一段代码量更小的代码替换的代码，比如完全一样的代码、重命名标识符后完全一样的代码、插入或删除语句后完全一样的代码、重新排列语句后完全一样的代码，以及结构一样或类似的代码。好的代码应该降低冗余度，提高复用率，这除了能使代码量减少，还能提高代码可读性。

下面我们介绍一种检查重复代码的工具 simian。simian 官方下载网址为：http://www.harukizaemon.com/simian/installation.html#cli。

首先下载并解压 simian 压缩包，在解压目录的 bin 文件夹下可以看到 Java 版的 simian-2.4.0.jar 和 .NET 版的 simian-2.4.0.exe 文件，如图 6-7 所示。

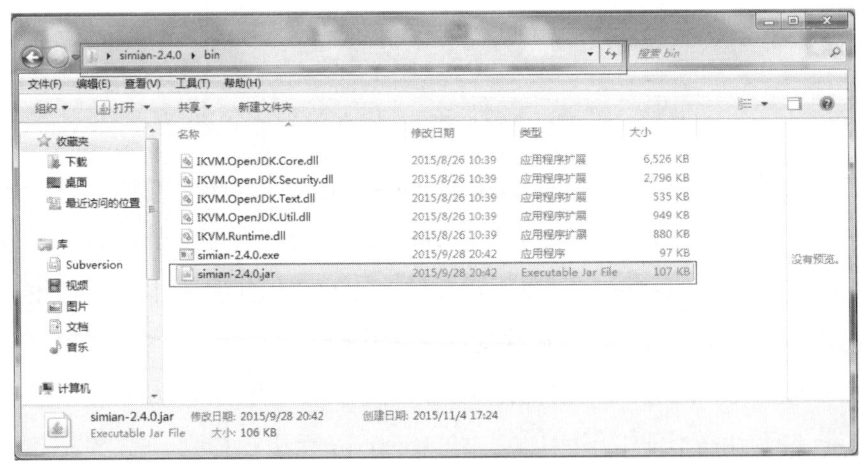

图 6-7　simian 解压后的目录

运行 simian 的命令行格式分别为：

```
java -jar simian.jar [options] [files]
```

和

```
simian.exe [options] [files]
```

可以用“ **/*.java”表示 ** 目录下所有的 Java 文件，“ -threshold=3 ”表示检测任意两个文件之间或同一文件中大于等于 3 行的重复，该参数的默认值为 6。

下面我们以 Java 版的 simian-2.4.0.jar 为例，扫描目标工程“ shoushen”中的冗余代码。

1）打开 cmd，执行命令：

```
java -jar simian-2.4.0.jar D:\shoushen\**.java>>duplicates.txt
```

结果如图 6-8 所示。

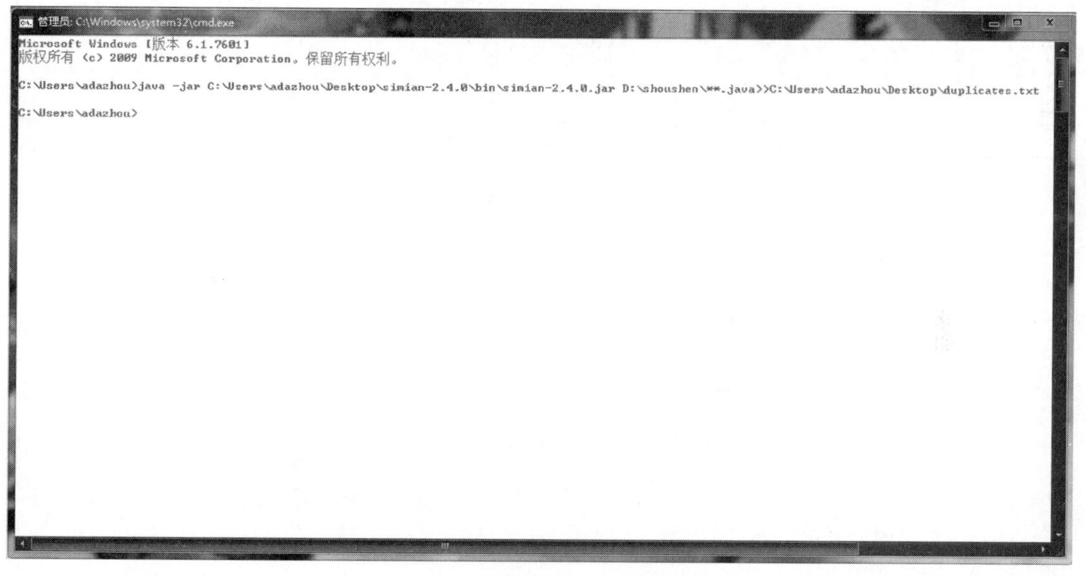

图 6-8　simian 命令行执行结果

2）打开重定向输出的文件夹 duplicates.txt，文件开头为命令行 [option] 参数中一些选项的设定，然后是重复行的记录，如图 6-9 所示。

每一组记录都记录了重复的行数，列出了这些行所在的文件夹和位置，记录按重复行数目升序排序，如图 6-10 所示。

```
duplicates2.txt - 记事本
文件(F) 编辑(E) 格式(O) 查看(V) 帮助(H)
Similarity Analyser 2.4.0 - http://www.harukizaemon.com/simianCopyright (c) 2003-2015 Simon Harris.  All rights reserved. Simian is not free unless used sol
{failOnDuplication=true, ignoreCharacterCase=true, ignoreCurlyBraces=true, ignoreIdentifierCase=true, ignoreModifiers=true, ignoreStringCase=true, threshol
Found 3 duplicate lines in the following files:
 Between lines 286 and 288 in D:\shoushen\plugin_wifi_transfer\src\com\tt\plugin\wifitransfer\wifihotspot\wifi\imp\WifiAdmin.java
 Between lines 301 and 304 in D:\shoushen\connector\com\connector\tt\aid\activity\PhotoBackupNewActivity.java
Found 3 duplicate lines in the following files:
 Between lines 484 and 486 in D:\shoushen\blout\com\tt\blout\component\VideoPlayerItemclerkV2.java
 Between lines 453 and 455 in D:\shoushen\blout\com\tt\blout\component\VideoPlayerItemclerkV2.java
Found 3 duplicate lines in the following files:
 Between lines 138 and 140 in D:\shoushen\plugin_dock\src\com\tt\plugin\accelerate\component\StickyLayout.java
 Between lines 240 and 242 in D:\shoushen\kupan\com\tt\kupan\component\treasurebox\AppTreasureEntryBlinkEyesView.java
 Between lines 138 and 140 in D:\shoushen\liear\com\tt\news\clerk\component\StickyLayout.java
Found 3 duplicate lines in the following files:
 Between lines 104 and 106 in D:\shoushen\liear\com\tt\news\clerk\spaceclean\ui\RubbishItemSubListadopt.java
 Between lines 174 and 176 in D:\shoushen\liear\com\tt\news\clerk\bigfile\BigfileItemView.java
Found 3 duplicate lines in the following files:
 Between lines 53 and 55 in D:\shoushen\kupan\com\tt\kupan\adopt\AppdetailViewPageradopt.java
 Between lines 43 and 45 in D:\shoushen\liear\com\tt\news\search\SearchResultPageradopt.java
 Between lines 42 and 44 in D:\shoushen\main\com\tt\aidv2\adopt\Guideadopt.java
 Between lines 87 and 90 in D:\shoushen\common\com\tt\aid\adopt\TXTabViewPageadopt.java
Found 3 duplicate lines in the following files:
 Between lines 489 and 494 in D:\shoushen\liear\com\tt\news\socialcontact\tagpage\TPVideoclerk.java
 Between lines 423 and 428 in D:\shoushen\liear\com\tt\news\socialcontact\tagpage\TPVideoclerk.java
Found 3 duplicate lines in the following files:
 Between lines 1524 and 1527 in D:\shoushen\connector\com\connector\qq\AppService\MainRunnable.java
 Between lines 449 and 452 in D:\shoushen\connector\com\connector\qq\AppService\MainRunnable.java
Found 3 duplicate lines in the following files:
 Between lines 309 and 315 in D:\shoushen\plugin_wifi_transfer\src\com\tt\plugin\wifitransfer\wifihotspot\wifi\WifiHotspotclerk.java
 Between lines 287 and 293 in D:\shoushen\plugin_wifi_transfer\src\com\tt\plugin\wifitransfer\wifihotspot\wifi\WifiHotspotclerk.java
Found 3 duplicate lines in the following files:
 Between lines 1567 and 1569 in D:\shoushen\kupan\com\tt\kupan\component\appdetail\process\AppdetailWXProcess.java
 Between lines 1361 and 1363 in D:\shoushen\kupan\com\tt\kupan\component\appdetail\process\AppdetailQQProcess.java
 Between lines 458 and 460 in D:\shoushen\kupan\com\tt\kupan\component\appdetail\process\AppdetailCommonProcess.java
 Between lines 2426 and 2428 in D:\shoushen\kupan\com\tt\kupan\activity\AppDetailActivityV5.java
Found 3 duplicate lines in the following files:
 Between lines 150 and 155 in D:\shoushen\fbi\com\tt\fbi\smartcard\view\NormalSmartCardImpressionsView.java
 Between lines 141 and 144 in D:\shoushen\blout\com\tt\blout\smartcard\view\NormalVideoCardStarRecommendItem.java
Found 3 duplicate lines in the following files:
 Between lines 524 and 526 in D:\shoushen\liear\com\tt\news\socialcontact\usercenter\UserCenteradopt.java
 Between lines 451 and 453 in D:\shoushen\liear\com\tt\news\socialcontact\usercenter\UserCenteradopt.java
Found 3 duplicate lines in the following files:
 Between lines 1205 and 1209 in D:\shoushen\kupan\com\tt\kupan\activity\AppDetailActivityV5.java
 Between lines 256 and 259 in D:\shoushen\game\com\tt\game\activity\GameDesktopShortActivity.java
Found 3 duplicate lines in the following files:
 Between lines 439 and 441 in D:\shoushen\kupan\com\tt\kupan\smartcard\view\v6\SmartcardInterestHeaderView.java
 Between lines 197 and 199 in D:\shoushen\kupan\com\tt\kupan\component\RankTabBarView.java
 Between lines 237 and 239 in D:\shoushen\common\com\tt\aid\component\TotalTabLayout.java
 Between lines 258 and 260 in D:\shoushen\common\com\tt\aid\component\TabBarView.java
```

图 6-9　simian 的输出文件

```java
        int[] location = new int[2];
        view.getLocationInWindow(location);
        params.leftMargin = location[0];
        params.topMargin = location[1] - titleBarHeight - layoutTop;
        params.gravity = Gravity.TOP | Gravity.LEFT;
//        VideoPlayerViewItemV2.sendDebugLogReport( "addSmallVideo",location[1] + "," + titleBarHeight + "," + layoutTop);
        mVideoItem.setLayoutParams(params);
        attachView = view;
        fLog("lenzli", "addSmallVideo`56");
        mVideoItem.setVideoViewType(VideoPlayerViewItemV2.VIDEO_VIEW_TYPE_SMALL);
        if (mVideoItem.getVisibility() == View.GONE) {
            mVideoItem.setVisibility(View.VISIBLE);
        }
        if(mListener != null){
            mListener.onInfo(0);
        }
        return mVideoItem;
    }
```

图 6-10　simian 扫描出的部分重复代码

输出结果的最后显示扫描出的重复总行数、模块数以及文件数，如图 6-11 所示。simian 命令的一些参数如图 6-12 所示。

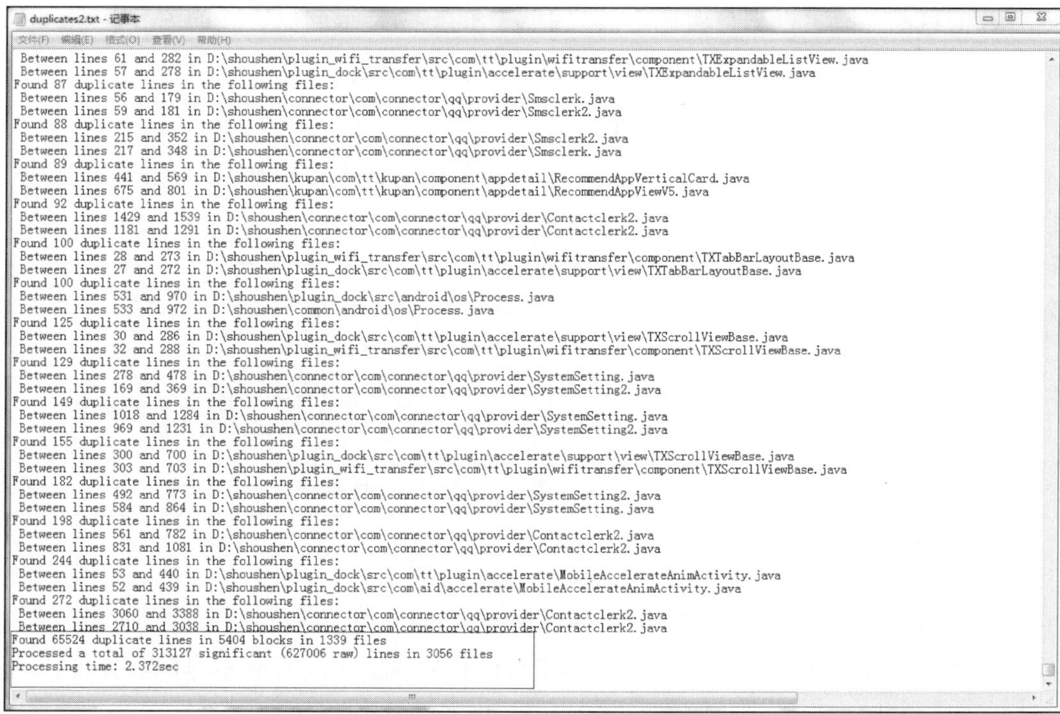

```
duplicates2.txt - 记事本
文件(F) 编辑(E) 格式(O) 查看(V) 帮助(H)
 Between lines 61 and 282 in D:\shoushen\plugin_wifi_transfer\src\com\tt\plugin\wifitransfer\component\TXExpandableListView.java
 Between lines 57 and 278 in D:\shoushen\plugin_dock\src\com\tt\plugin\accelerate\support\view\TXExpandableListView.java
Found 87 duplicate lines in the following files:
 Between lines 56 and 179 in D:\shoushen\connector\com\connector\qq\provider\Smsclerk.java
 Between lines 59 and 181 in D:\shoushen\connector\com\connector\qq\provider\Smsclerk2.java
Found 88 duplicate lines in the following files:
 Between lines 215 and 352 in D:\shoushen\connector\com\connector\qq\provider\Smsclerk2.java
 Between lines 217 and 348 in D:\shoushen\connector\com\connector\qq\provider\Smsclerk.java
Found 89 duplicate lines in the following files:
 Between lines 441 and 569 in D:\shoushen\kupan\com\tt\kupan\component\appdetail\RecommendAppVerticalCard.java
 Between lines 675 and 801 in D:\shoushen\kupan\com\tt\kupan\component\appdetail\RecommendAppViewV5.java
Found 92 duplicate lines in the following files:
 Between lines 1429 and 1539 in D:\shoushen\connector\com\connector\qq\provider\Contactclerk2.java
 Between lines 1181 and 1291 in D:\shoushen\connector\com\connector\qq\provider\Contactclerk2.java
Found 100 duplicate lines in the following files:
 Between lines 28 and 273 in D:\shoushen\plugin_wifi_transfer\src\com\tt\plugin\wifitransfer\component\TXTabBarLayoutBase.java
 Between lines 27 and 272 in D:\shoushen\plugin_dock\src\com\tt\plugin\accelerate\support\view\TXTabBarLayoutBase.java
Found 100 duplicate lines in the following files:
 Between lines 531 and 970 in D:\shoushen\plugin_dock\src\android\os\Process.java
 Between lines 533 and 972 in D:\shoushen\common\android\os\Process.java
Found 125 duplicate lines in the following files:
 Between lines 30 and 286 in D:\shoushen\plugin_dock\src\com\tt\plugin\accelerate\support\view\TXScrollViewBase.java
 Between lines 32 and 288 in D:\shoushen\plugin_wifi_transfer\src\com\tt\plugin\wifitransfer\component\TXScrollViewBase.java
Found 129 duplicate lines in the following files:
 Between lines 278 and 478 in D:\shoushen\connector\com\connector\qq\provider\SystemSetting.java
 Between lines 169 and 369 in D:\shoushen\connector\com\connector\qq\provider\SystemSetting2.java
Found 149 duplicate lines in the following files:
 Between lines 1018 and 1284 in D:\shoushen\connector\com\connector\qq\provider\SystemSetting.java
 Between lines 969 and 1231 in D:\shoushen\connector\com\connector\qq\provider\SystemSetting2.java
Found 155 duplicate lines in the following files:
 Between lines 300 and 700 in D:\shoushen\plugin_dock\src\com\tt\plugin\accelerate\support\view\TXScrollViewBase.java
 Between lines 303 and 703 in D:\shoushen\plugin_wifi_transfer\src\com\tt\plugin\wifitransfer\component\TXScrollViewBase.java
Found 182 duplicate lines in the following files:
 Between lines 492 and 773 in D:\shoushen\connector\com\connector\qq\provider\SystemSetting2.java
 Between lines 584 and 864 in D:\shoushen\connector\com\connector\qq\provider\SystemSetting.java
Found 198 duplicate lines in the following files:
 Between lines 561 and 782 in D:\shoushen\connector\com\connector\qq\provider\Contactclerk2.java
 Between lines 831 and 1081 in D:\shoushen\connector\com\connector\qq\provider\Contactclerk2.java
Found 244 duplicate lines in the following files:
 Between lines 53 and 440 in D:\shoushen\plugin_dock\src\com\tt\plugin\accelerate\MobileAccelerateAnimActivity.java
 Between lines 52 and 439 in D:\shoushen\plugin_dock\src\com\aid\accelerate\MobileAccelerateAnimActivity.java
Found 272 duplicate lines in the following files:
 Between lines 3060 and 3388 in D:\shoushen\connector\com\connector\qq\provider\Contactclerk2.java
 Between lines 2710 and 3038 in D:\shoushen\connector\com\connector\qq\provider\Contactclerk2.java
Found 65524 duplicate lines in 5404 blocks in 1339 files
Processed a total of 313127 significant (627006 raw) lines in 3056 files
Processing time: 2.372sec
```

图 6-11　simian 的输出文件

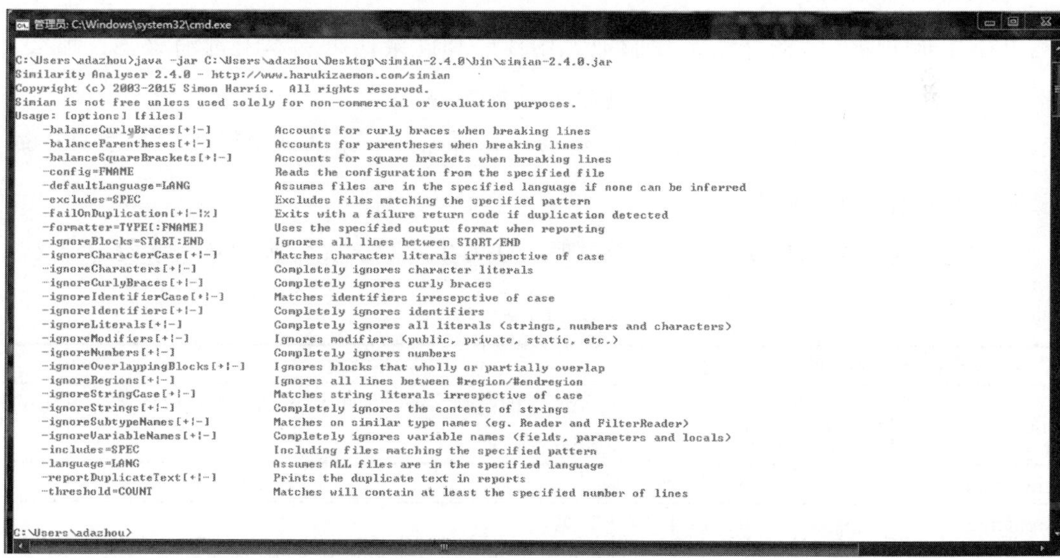

```
管理员: C:\Windows\system32\cmd.exe

C:\Users\adazhou>java -jar C:\Users\adazhou\Desktop\simian-2.4.0\bin\simian-2.4.0.jar
Similarity Analyser 2.4.0 - http://www.harukizaemon.com/simian
Copyright (c) 2003-2015 Simon Harris.  All rights reserved.
Simian is not free unless used solely for non-commercial or evaluation purposes.
Usage: [options] [files]
    -balanceCurlyBraces[+|-]          Accounts for curly braces when breaking lines
    -balanceParentheses[+|-]          Accounts for parentheses when breaking lines
    -balanceSquareBrackets[+|-]       Accounts for square brackets when breaking lines
    -config=FNAME                     Reads the configuration from the specified file
    -defaultLanguage=LANG             Assumes files are in the specified language if none can be inferred
    -excludes=SPEC                    Excludes files matching the specified pattern
    -failOnDuplication[+|-|%]         Exits with a failure return code if duplication detected
    -formatter=TYPE[:FNAME]           Uses the specified output format when reporting
    -ignoreBlocks=START:END           Ignores all lines between START/END
    -ignoreCharacterCase[+|-]         Matches character literals irrespective of case
    -ignoreCharacters[+|-]            Completely ignores character literals
    -ignoreCurlyBraces[+|-]           Completely ignores curly braces
    -ignoreIdentifierCase[+|-]        Matches identifiers irresepctive of case
    -ignoreIdentifiers[+|-]           Completely ignores identifiers
    -ignoreLiterals[+|-]              Completely ignores all literals (strings, numbers and characters)
    -ignoreModifiers[+|-]             Ignores modifiers (public, private, static, etc.)
    -ignoreNumbers[+|-]               Completely ignores numbers
    -ignoreOverlappingBlocks[+|-]     Ignores blocks that wholly or partially overlap
    -ignoreRegions[+|-]               Ignores all lines between #region/#endregion
    -ignoreStringCase[+|-]            Matches string literals irrespective of case
    -ignoreStrings[+|-]               Completely ignores the contents of strings
    -ignoreSubtypeNames[+|-]          Matches on similar type names (eg. Reader and FilterReader)
    -ignoreVariableNames[+|-]         Completely ignores variable names (fields, parameters and locals)
    -includes=SPEC                    Including files matching the specified pattern
    -language=LANG                    Assumes ALL files are in the specified language
    -reportDuplicateText[+|-]         Prints the duplicate text in reports
    -threshold=COUNT                  Matches will contain at least the specified number of lines


C:\Users\adazhou>
```

图 6-12　simian 的命令行参数

改变这些参数可以更自由地定义“重复”的概念，得到更广义的内容匹配，比如 -ignoreVariableNames 可以忽略代码段中不同的变量名。

扫描得到的结果中，虽然以下两组代码的返回值一个为 totalRead，一个为 null，一样算作重复代码，因为除了这两个“变量”之外，其他地方都相同，如图 6-13 所示。

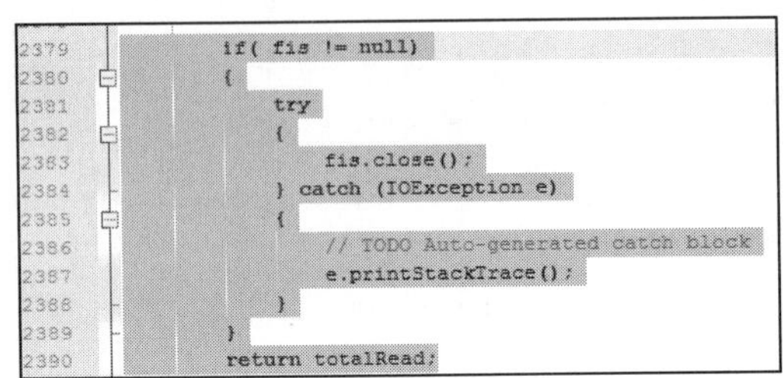

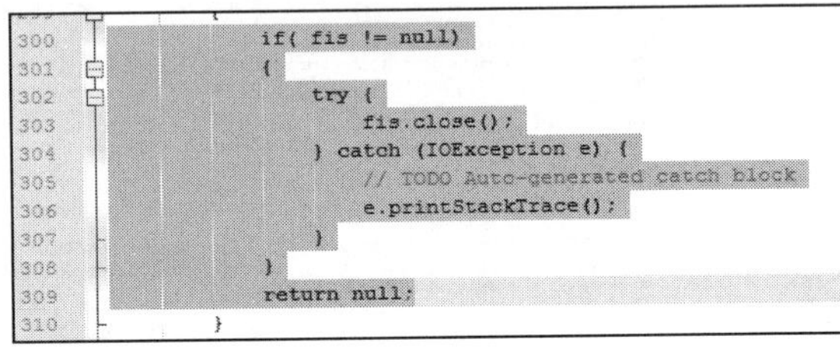

图 6-13　重复代码示例

有了这一功能，我们就能够很方便地检测出可以封装的模块，提高代码复用率。

使用 simian 的瘦身效果要根据自己工程的代码情况来看。它本身能够提高代码的质量，如果冗余代码多，那么它的瘦身效果也是比较明显的。

3. 方法数缩减

经过前面两小节的介绍，我们把无用代码和冗余代码基本上都消灭了，那么，还有什么办法来精简代码量呢？这就是方法数缩减。

方法数缩减，从字面上理解，就是将代码里面的方法的数量减少了，可是这种减少可以带来哪些好处呢？

首先，我们来看看 Dex 文件的格式吧。表 6-2 是 Dex 文件头中各个字段的定义。

表 6-2　Dex 文件头

字段名称	偏移值	长度	描　述
magic	0x0	8	“Magic”值，即魔数字段。它的格式如“dex\n035\0”，其中的 035 表示结构的版本
checksum	0x8	4	校验码
signature	0xC	20	SHA-1 签名
file_size	0x20	4	Dex 文件的总长度（包括文件头），字节表示
header_size	0x24	4	文件头长度，字节表示

（续）

字段名称	偏移值	长度	描 述
endian_tag	0x28	4	字节顺序的标识符
link_size	0x2C	4	连接段的大小，如果为 0 就表示是非静态连接
link_off	0x30	4	连接段起始位置相对于 Dex 文件起始位置的偏移，。如果 link_size=0，那么此处也是 0
map_off	0x34	4	map 数据起始位置相对于 Dex 文件起始位置的偏移
string_ids_size	0x38	4	字符串列表的字符串个数
string_ids_off	0x3C	4	字符串列表起始位置相对于 Dex 文件起始位置的偏移。如果 string_ids_size=0，那么此处也是 0
type_ids_size	0x40	4	类型列表里类型个数
type_ids_off	0x44	4	类型列表起始位置相对于 Dex 文件起始位置的偏移。如果 type_ids_size=0，那么此处也是 0
proto_ids_size	0x48	4	原型列表里原型个数
proto_ids_off	0x4C	4	原型列表起始位置相对于 Dex 文件起始位置的偏移。如果 proto_ids_size=0，那么此处也是 0
field_ids_size	0x50	4	字段列表里字段个数
field_ids_off	0x54	4	字段列表起始位置相对于 Dex 文件起始位置的偏移。如果 field_ids_size=0，那么此处也是 0
method_ids_size	0x58	4	方法列表里方法个数
method_ids_off	0x5C	4	方法列表起始位置相对于 Dex 文件起始位置的偏移。如果 method_ids_size=0，那么此处也是 0
class_defs_size	0x60	4	类定义类表中类的个数
class_defs_off	0x64	4	类定义列表起始位置相对于 Dex 文件起始位置的偏移。如果 class_defs_size =0，那么此处也是 0
data_size	0x68	4	数据段的大小，必须以 4 字节对齐
data_off	0x6C	4	数据段起始位置相对于 Dex 文件起始位置的偏移

从表中 method_ids_size 和 method_ids_off 字段可以看出，方法数缩减后，确实可以减小方法列表的大小，同时，方法在 Dex 文件中的占用空间也减少了，也就减小了安装包大小。

方法数缩减的好处仅仅是这样吗？实际上，还有一个更大的好处，那就是解决 Android 低版本（如 Android 2.3 及以下）手机上的安装失败问题。下面具体分析。

在 Android 系统安装一个应用（App）的过程中，其中一步是对 Dex 进行优化，优化的过程有一个专门的工具进行处理，这个工具叫做 DexOpt。DexOpt 是在第一次加载 Dex 文件的时候执行的。在 DexOpt 的过程会生成一个 ODEX 文件，即 Optimised Dex。执行 ODEX 的效率会比直接执行 Dex 文件的效率要高很多。

但是，在早期的 Android 系统中，DexOpt 有两个问题：

1）DexOpt 会把每一个类的方法 id 检索起来，存在一个链表结构里面，但是这个链表的长度是用一个 short 类型来保存的，导致了方法 id 的数目不能够超过 65536 个。当一个项目足够大的时候，显然这个方法数的上限是不够的。

2）Dexopt 使用 LinearAlloc 来存储应用的方法信息。Dalvik LinearAlloc 是一个固定大小的缓冲区。在 Android 版本的历史上，LinearAlloc 分别经历了 4M/5M/8M/16M 限制。Android 2.2 和 2.3 的缓冲区只有 5MB，Android 4.x 提高到了 8MB 或 16MB。当方法数量过多导致超出缓冲区大小时，也会造成 DexOpt 崩溃。

以上两个问题都可能导致 App 在低版本的 Android 上安装时出现 INSTALL_FAILED_DEXOPT 错误。

尽管在新版本的 Android 系统中，DexOpt 修复了方法数 65K 的限制问题，并且扩大了 LinearAlloc 限制，但是我们在产品开发中仍然需要对低版本的 Android 系统做兼容，而解决这种兼容性的办法主要就是方法数缩减、Dex 分包和插件化。Dex 分包和插件化对项目和产品的改动较大，而方法数缩减则是最快捷有效的。

所以，从上面的分析可以看出，当项目或产品发展到一定程度，必然要面对方法数缩减的问题。

那么，我们怎么缩减方法数呢？

简单的说，减少方法数主要有下面几种方法：

方法一：避免在内部类中访问外部类的私有方法 / 变量。当在 Java 内部类（包括内部匿名类）中访问外部类的私有方法 / 变量时，编译器会生成额外的方法，这也会增加方法数，建议大家编码时尽量避免。

具体办法：将成员变量的 private 属性替换为 protected/public 或者直接去掉修饰。此类情况下最简单的方法就是所有方法变量都去除修饰，基础类中的基础变量注意要用 public。需要注意的是当一个内部类在访问外部类基类（基类不在同一个包）的非 public 变量时（这时 protected 也不好使，必须 public）也会产生一个方法数。所以都改成 public 可能是一种更省事的做法。

方法二： 避免调用派生类中的未被覆盖 (override) 的方法。避免在派生类中调用未覆盖的基类的方法；避免用派生类的对象调用派生类中未覆盖的基类的方法。因为调用派生类中的未被覆盖的方法时，会多产生一个方法数。

具体办法： 对于不需要被覆盖的方法，显式地改成调用基类的方法。这包括：1）内部调用时用 super 调用基类的方法，派生类实例化后调用时则将派生类实例强转成基类；2）在 Android 中 findViewbyId、setContentView 等这些常用的方法，一般也不会去覆盖，所以注意前面加 super。

方法三： 最后的大杀招：去掉部分类的 get、set 方法。

角体方法： 将类的成员变量改为 public，并去掉 get、set 方法。这是最后没有办法的办法。

上面这些减少方法数的改造都会牺牲一些面向对象的理念，比如封装等，但在方法数面前，其他都是浮云。

我们将以上办法用在要瘦身的 App，大约减少了 10% 的方法数。方法数的缩减相当于代码量的缩减，最终体现在安装包上的减小量不到 100KB。虽然对瘦身来说减少的量不是特别大，但是正如上面所说，方法数和线性内存（LinearAlloc）超标会引起 Android 某些低版本安装不上，所以我们还是应该尽可能减少方法数。

4. 代码混淆

上面三个小节介绍的都是将代码量做精简的办法。精简到这个时候，我们的代码已经不能够再做进一步精简了，还有什么大招可以放呢？答案就是：代码混淆！

首先，我们来看看什么是代码混淆。

代码混淆（Obfuscated code）也称为花指令。它是将计算机程序的代码转换成一种功能上等价但是难以阅读和理解的形式的行为。目前代码混淆工具进行混淆的方法主要有下面三种：

- 将代码中的各种元素（类、变量、函数等）的名字改写成无意义的名字。比如改写成单个字母或者是简短的、无意义的字母、符号组合，使得阅读的人无法根据名字猜测其用途。

- 重写代码中的部分逻辑，将其变成功能上等价，但是更难理解的形式。比如改变循环指令、结构，精简中间变量等。
- 打乱代码的格式。比如删除空格，将多行代码改为一行，或者将一行代码改成多行等。

那么，代码混淆在我们安装包瘦身中怎么用呢?

Android SDK tools 里面集成了一个 Proguard 工具。在 Proguard 的官方文档里是这么介绍的：Proguard 是一个免费的 Java 类文件压缩、优化、混淆和预先验证的工具，它可以检测和移除未使用的类、字段、方法、属性，优化字节码并移除未使用的指令，最后它还能将代码中的类、字段、方法的名字改成简短的、无意义的名字。

从 Proguard 工具能够做的事情中可以看出，它不但可以将代码中的各种元素名称改得简短，而且可以移除冗余代码。所以，对代码进行 Proguard 后，也可以比较大地减小代码体积（即 dex 的体积），并且可以增加代码被反编译的难度，一定程度上保护了代码的安全。既然好处这么大，我们何乐而不为呢?

在我们的产品上经过这一轮的代码混淆，dex 的减小量超过 30%，效果相当明显！

5. 结果

通过以上删除无用代码、删除冗余代码、方法数缩减和代码混淆步骤，我们的 App 安装包已经减小了大约 1.5MB。这样，代码部分的缩减也基本做完了，接下来就开始对资源部分动手了。

6.2.2 资源部分

1. 冗余资源

APK 的资源主要包括图片、XML。与冗余代码类似，资源里面可能也遗留了不少旧版本使用而新版本不再使用的图片、XML 等。我们可以用 Lint 来查找这些冗余资源。

Android 平台为开发者提供了一系列的工具，Lint 是 ADT 16（Android

Developer Tools 16）之后的版本才被引入的。它通过静态扫描工程源码，可以发现工程中潜在的问题。我们可以在 AndroidSDK\tools 目录的下找到 Lint 命令行工具，也可以在 Android Studio 中使用 Lint 对工程做全方面的扫描。具体使用方法如下，点击菜单栏中 Analyze → Inspect Code，如图 6-14 所示。

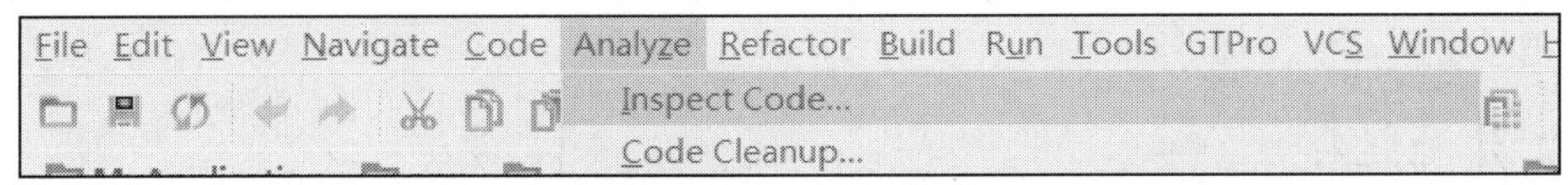

图 6-14　Lint 菜单位置

扫描结果展示在 Inspection 窗口中，扫描项目很多，我们只关心 Android Lint，如图 6-15 所示。

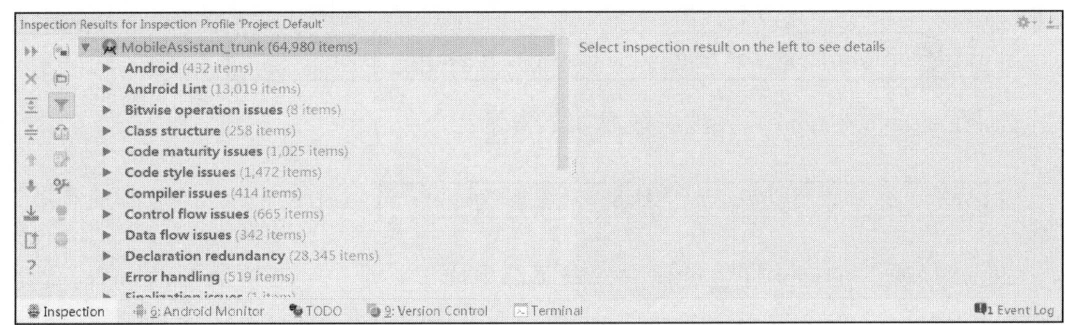

图 6-15　Lint 扫描结果

Android Lint 项目下面有很多子项，我们关注的是 Unused Resources，如图 6-16 所示。

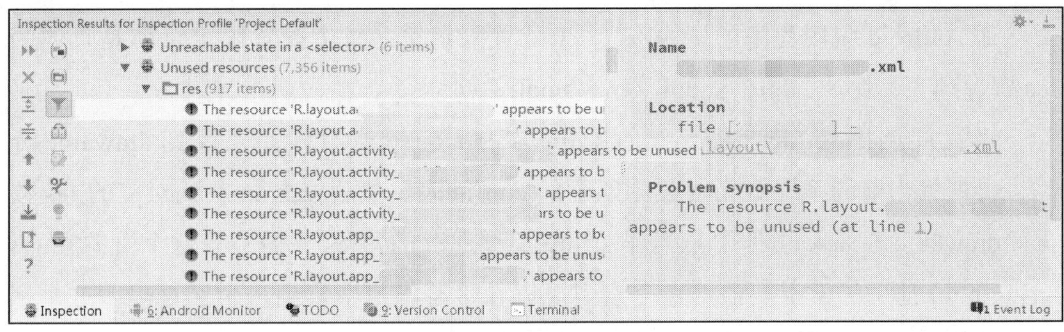

图 6-16　Lint 扫描结果

点击对应项目，就可以看到详细信息，根据工程需要，判断该资源是否真的无用，作为后续删除的依据。

我们的瘦身过程中对冗余资源采用的方法是先用 Lint 扫描，然后写自动化脚本对 Lint 扫描结果进行处理，找到那些在代码和 XML 中都不再引用的资源进行删除。这次我们在主工程和插件工程上一共砍掉了约 500KB 的冗余资源，数量相当惊人。

2. 资源混淆

在前面的介绍中，代码缩减有代码混淆，此处资源缩减也同样有资源混淆。

在 Android 应用程序的开发过程中，我们通过 aapt 生成的 R.java 中的常量来使用资源，所以在 Android 应用程序中，对资源的典型访问方式如下：

```
holder.mTypeIcon.setImageResource(R.drawable.icon_pic);
```

而在 R.java 中，资源会被编译成如下常量：

```
public static final int icon_pic=0x7f0202cc;
```

也就是说，在 aapt 打包过程中，资源都生成了一个一一对应的 int 数值，我们则通过这个 int 值来查找使用资源。那么 Android 应用程序又是怎么通过 int 数值找到具体的资源呢？我们在 APK 可以看到里面有个 resources.arsc 文件，这个文件也是由 aapt 生成，文件中保存着资源 id 和资源 key 的映射关系。资源 key 即是资源的名字，应用程序就是按照这个映射关系找到资源的。

而 Android 应用程序的资源有 18 个配置限定符，每个配置限定符就是具体的 res 资源列表，比如 hdpi、xhdpi、en、small、v4 等。

当我们调用 setImageResource(R.drawable.icon_pic) 时候，先找到 drawable 分类，再根据当前的系统 config 找到匹配的 config 表。然后根据 id 找到对应的 res 数据。drawable 在 arsc 文件中是当作 string 类型保存的。res 数据中有这个资源在 res string pool 池中的索引。根据这个索引可以在字符串池中找到一个字符串。这个字符串其实是一个文件的路径，比如：res/drawable-xhdpi/icon_pic.png，然后程序读取 apk 中的这个文件。

资源混淆简单来说就是将 res/drawable-xhdpi/icon_pic,png 变成 res/drawable-xhdpi/f.png，或我们甚至可以将文件路径也同时混淆，改成 R/s/f.png。同时，还需要修改 resources.arsc 中的映射关系。

资源混淆能减小安装包的原因如下：

- resources.arsc 变小。
- 文件信息变小。由于采用了超短路径，例如 res/drawable/first_page.png 被改为 R/o/f.png。
- 签名信息会变小。由于采用了超短路径，签名过程需要对每个文件使用 SHA1 算法生成摘要信息。

需要注意的是，如果代码是通过 getIdentifier 方式获得资源，那么这些资源需要放置在白名单中。

根据上述的原理，我们瘦身时采用了脚本工具来对资源进行混淆，混淆后资源大约减少了 200KB，也是比较有效果的。

3. 图片处理

APK 本身代码占用的空间相对较小，最主要的还是资源，而资源里面最主要的问题是图片。

在安装包中，我们挑出几个有代表性的代码文件进行了一个换算，每千行代码在 APK 中大约占用 5KB 的空间。而 APK 中的图片，少则几百字节，多则好几十 KB，甚至上百 KB，读者可以算一下减少一张图片相当于多少代码量。

所以，对于瘦身来说，减少图片所带来的收益绝对远超过减少代码。下面介绍图片的处理。

（1）图片压缩

对 APK 安装包来说，大于 5KB 的图片就算是比较大的，95% 以上的图片都应该小于 5KB。但是，一般来说，为了追求图片完美的效果，设计师同学给出的图片都是比较大的，所以图片都有比较大的压缩空间。

打包过程中 aapt 会进行一轮压缩，即采用 crunch 做图片的预处理。不过 crunch 并不是压缩率最好的。经过压缩对比，我们最后采用 pnggauntlet 对非 .9（点

9）的图片进行压缩，而对点9图来说，由于crunch过程中会去除黑边，而且用pnggauntlet压缩会造成变形，所以点9图还是采用crunch压缩处理。

另外，我们跟设计师沟通后，决定在视觉要求不是特别高的场景中，对于体积比较大的图片（10K以上），采用有损压缩。

最终，在上述方法处理完图片以后，效果好的时候可以为安装包减少几百KB。还是相当有效的。

（2）JPG与PNG的转换

PNG是一种无损格式，JPG是有损格式。JPG在处理颜色很多的图片时，根据压缩率的不同，有时会去掉一些肉眼识别差距较小的中间颜色。但是PNG对于无损这个基本要求，会严格保留所有的色彩数。所以，在图片尺寸大，或者色彩数量多（特别是渐变色多）的时候，PNG的体积会明显大于JPG。

在这种情况下，我们可以有所取舍。小尺寸、色彩数少、或者有alpha通道透明度的时候，使用PNG；大尺寸、色彩渐变色多的用JPG。

对于这一点的处理，建议跟设计师进行协商，寻求图片质量和大小的一个折中方案。

另外，根据我们的经验，对于可以使用JPG格式的图片，最好不要从PNG转JPG，而是让设计师出图时直接出JPG格式的图片，相对来说，后者的效果要更好。

（3）点9图化

点9图是Android平台应用软件开发里的一种特殊的图片形式，扩展名为.9.png。点9图的格式相当于把一张PNG图分成了9个部分（九宫格），分别为4个角、4条边，以及一个中间区域。4个角是不做拉伸的，所以还能一直保持圆角的清晰状态，而2条水平边和垂直边分别只做水平和垂直拉伸，所以不会出现边会被拉粗的情况，只有中间用黑线指定的区域做拉伸。其结果就是拉伸时图片不会走样。

Android系统程序对点9图有优化的算法。使用点9图技术后，只需采用一套界面切图去适配不同的分辨率，减少了图片量，也就减少了安装包的大小。而且我们不需要专门做处理就可以实现其拉伸，也减少了代码量和开发工作量。

所以，这里的瘦身方法就是梳理一下工程里的图片，可以做成点 9 图的就将其做成点 9 图。

（4）无用图片的再次梳理

这里之所以用“再次”，是因为前面我们已经做过冗余资源（包括图片和 XML）的扫描和删除工作）。那么，这次是重复的工作吗？显然不是，之所以要再次梳理，是因为我们有一次跟设计师沟通图片的压缩效果时，设计师忽然说这图片是 5.x 的，现在已经不用了。

一句话点醒了我们。因为 App 在版本的迭代开发中，可能会遗留下许多以前版本使用的图片，但是新版本已经不再使用了。不过又由于种种原因，这些图片的引用还残留在代码或者 XML 布局文件中，以至于用 lint 扫描时不能发现。

对于这些以前版本遗留的无用图片，我们联合设计师们一起进行了梳理，然后分解到各 FT，人工检查确认，并执行删除。

当项目比较大，开发人员比较多时，老版本遗留的无用图片应该还是不少的。

特别指出一点经验，我们在梳理的过程中还发现有部分图片控件的 visibility 属性是 gone，即隐藏，但是实际上，这类图片已经不再需要了。

在 Android 开发中，大部分控件都有 visibility 这个属性，其属性可设置 3 个值，分别为“ visible ”、“ invisible”、“ gone”，主要用来设置控件的显示和隐藏。有些同学可能会疑惑 invisible 和 gone 有什么区别呢？下面简单说明一下。

Visibility 属性在 XML 文件和 Java 代码中设置如下：

- Visible（可见）：

XML 文件：android:visibility="visible"

Java 代码：view.setVisibility(View.VISIBLE);

- Invisible（不可见）：

XML 文件：android:visibility="invisible"

Java 代码：view.setVisibility(View.INVISIBLE);

- Gone（隐藏）：

XML 文件：android:visibility="gone"

Java 代码：view.setVisibility(View.GONE);

Visible 就不说了，而 invisible 和 gone 的主要区别就是：当控件 visibility 属性为 invisible 时，界面保留了 view 控件所占有的空间；而控件属性为 gone 时，界面则不保留 view 控件所占有的空间。

大家看看下面的图就一目了然了：

TextView1 TextView2

控件 TextView2 的 visibility=visiable

TextView1

控件 TextView2 的 visibility=invisiable

TextView1

控件 TextView2 的 visibility=gone

有很多旧版本遗留下来的图片已经不用了，但是可能以这种形式存在着，显然，我们可以将其连同相关代码一起删除。

（5）图片网络化

对于有些图片，它们所在的界面本身不是特别重要或者使用比较少，这时就应该考虑把这些图片通过网络来下载。当用户第一次进入图片所在的界面时就去下载，下载失败影响也不是很大。

适当把图片网络化处理，也是一个比较有效的瘦身方法。

最终，在我们的项目中，通过这些的方法大约缩减了 300KB 图片。

4. 结果

通过以上对资源的处理，我们的安装包又减小了大约 1MB，加上代码部分的缩减，我们的安装包已经减小了大约 2.5MB，瘦身目标已经达到。到此为止了吗？等等，我们的大招还没用完呢！

能不能从压缩率上入手呢？请继续往下看！

6.2.3 极限压缩 zip

我们知道，AndroidApp 安装包都是 APK 的格式。实际上，APK 格式就是 zip 格式，只是换了一个后缀名。

Android SDK 的打包工具 apkbuilder 采用的是 Deflate 算法将 Android App 的代码、资源等文件进行压缩，压缩成 zip 格式，然后再签名发布。

既然 APK 包本质上就是一种压缩文件，那么通过改进压缩方式，我们是不是就能得到更小的 APK 包呢？

要得到这个问题的答案，我们先从打包过程来进行分析，看看有没有可干预的空间。

1. 打包过程的压缩原理

在讲述打包过程的压缩原理之前，我们先引用一张经典的 Android 产生 APK 的流程图，如图 6-17 示。

我们可以看到 ApkBuilderMain 将工程分两大部分——资源文件和 dex 文件，用 SignedJarBuilder 类分别对其压缩，再一起打包成 APK 包，以下是 Android 中对应的源码：

```
        // create the builder with the basic files.
        ApkBuilder builder = new ApkBuilder(outApk, zipArchives.get(0), dexFile,
                signed ? ApkBuilder.getDebugKeystore() : null,
                verbose ? System.out : null);
        builder.setDebugMode(debug);
```

android-platform_sdk/sdkmanager/libs/sdklib/src/com/android/sdklib/build/ApkBuilderMain.java

资源文件在被 SignedJarBuilder 类压缩之前，aapt 工具会对其非 assets 资源进行处理。Aapt 处理的资源主要分三类：XML 文件、Bitmap 文件（如 .png, .9.png, .jpg）以及 Raw 文件。Aapt 处理资源文件的操作主要有：

- 赋予每一个非 assets 资源一个 ID 值，这些 ID 值以常量的形式定义在一个 R.java 文件中；生成一个 resources.arsc 文件，用来描述那些具有 ID 值的资源的配置信息，它的内容就相当于是一个资源索引表，在一般的 Android 打包过程中，该文件不会被压缩；

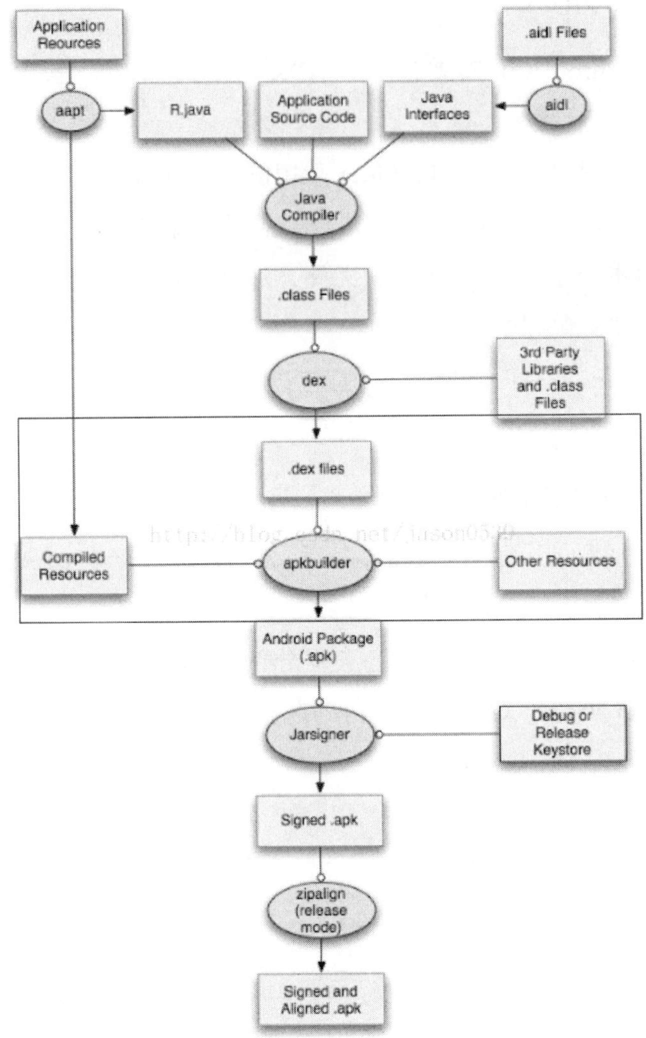

图 6-17　Android 打包过程

- 将文本格式的 XML 文件编译成二进制格式的 XML 文件以便节省空间和提高解析速度；
- 将位于目录 res/drawable/ 下的 Bitmap 文件进行无损压缩；
- 原封不动地将位于 res/raw 目录下的资源（包括一些不能被无损压缩的 Bitmap 文件）打包在 Apk 文件中。

aapt 处理完这些资源文件后，会生成 resources.ap_ 文件，resources.ap_ 文

件是一种中间文件，可以改成 rar、zip 等压缩文件的类型，里面包含 res 目录、AndroidMainfest.xml 文件以及 resources.arsc 文件。

结合以上过程，我们可以总结出以下 Android 打包过程中压缩文件的过程：

1）aapt 工具对工程非 asset 资源的编译压缩，如图 6-18 示。

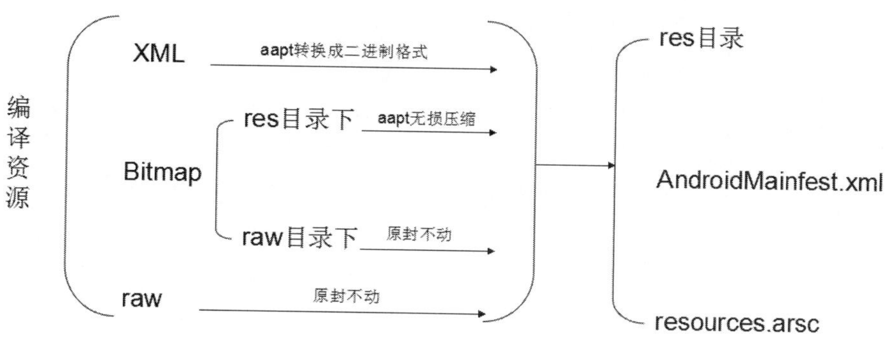

图 6-18　aapt 编译压缩

aapt 对压缩安装包的主要贡献主要在于赋予每一个非 assets 资源一个 ID 值，以便将 XML 二进制化，从而节省空间，以及对图片进行无损压缩。

2）SignedJarBuilder 类对工程的压缩，如下所示：

```
package com.android.sdklib.internal.build;

import com.android.sdklib.internal.build.SignedJarBuilder.IZipEntryFilter.ZipAbortException;

import sun.misc.BASE64Encoder;
import sun.security.pkcs.ContentInfo;
import sun.security.pkcs.PKCS7;
import sun.security.pkcs.SignerInfo;
import sun.security.x509.AlgorithmId;
import sun.security.x509.X500Name;

import java.io.ByteArrayOutputStream;
import java.io.File;
import java.io.FileInputStream;
import java.io.FilterOutputStream;
import java.io.IOException;
import java.io.InputStream;
import java.io.OutputStream;
import java.io.PrintStream;
import java.security.DigestOutputStream;
```

```
import java.security.GeneralSecurityException;
import java.security.MessageDigest;
import java.security.NoSuchAlgorithmException;
import java.security.PrivateKey;
import java.security.Signature;
import java.security.SignatureException;
import java.security.cert.X509Certificate;
import java.util.Map;
import java.util.jar.Attributes;
import java.util.jar.JarEntry;
import java.util.jar.JarFile;
import java.util.jar.JarOutputStream;
import java.util.jar.Manifest;
import java.util.zip.ZipEntry;
import java.util.zip.ZipInputStream;

/**
 * A Jar file builder with signature support.
 */
public class SignedJarBuilder {
```

android-platform_sdk/sdkmanager/libs/sdklib/src/com/android/sdklib/internal/build/SignedJarBuilder.java

SignedJarBuilder类对整个工程包括代码.dex文件和一些可压缩的资源、文件进行压缩，它使用的压缩算法由Java.util.zip类提供。

2. 提高压缩级别

了解打包压缩原理之后，我们怎么切入这个过程呢？

由于Java.util.zip类提供用于读写标准ZIP和GZIP文件格式的类，还包括使用DEFLATE压缩算法（用于ZIP和GZIP文件格式）对数据进行压缩和解压缩的类，但是，它采用的压缩级别基本是标准压缩，该压缩级别并不高，所以我们可以考虑使用7z工具对其进行DEFLATE极限压缩以提高压缩效率。也就是说，在不改变Android编译器的情况下，我们可以在第二个阶段对整体的压缩进行优化。

以下我们以qqdtest.apk为例，同样用Deflate压缩算法，当我们将压缩级别从标准压缩提高到极限压缩后，APK包的大小也从1.12MB减小到了1.09MB，如图6-19至图6-21所示。

由此可见，提高压缩级别可在不对APK包本身的内容做任何修改的情况下得到更小的APK包。当然，上面的操作会破坏签名，重新压缩后需要对APK包重新签名。

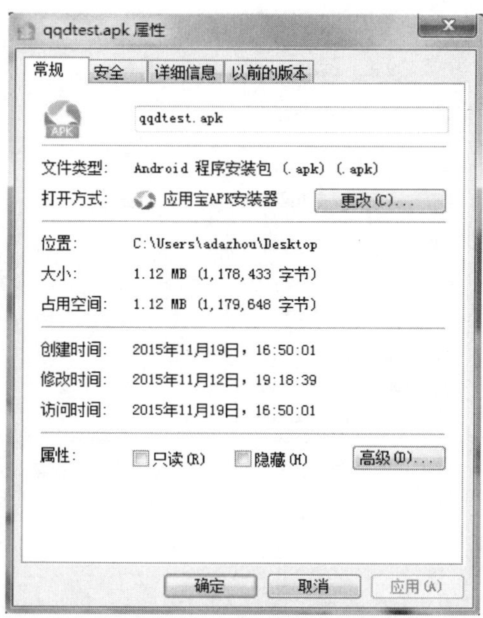

图 6-19　提高压缩级别前

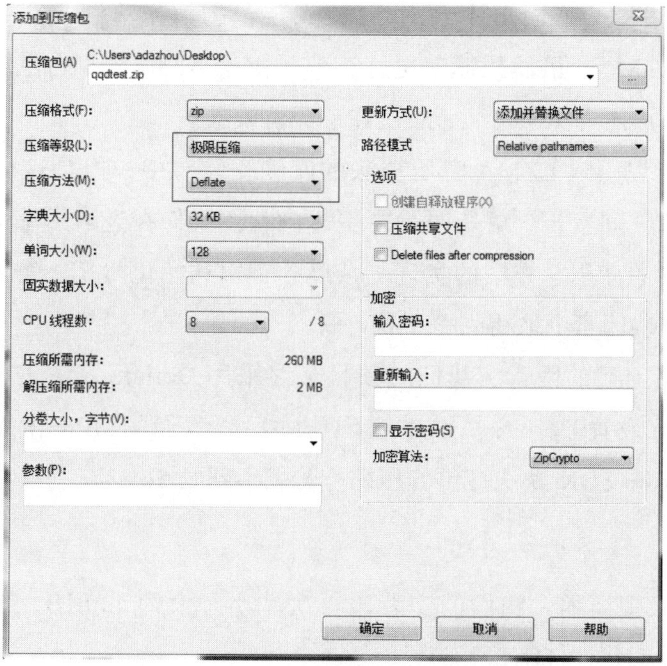

图 6-20　使用 Deflate 算法的极限压缩

图 6-21　提高压缩级别后

需要注意的是，Android 平台对 APK 安装包的解压算法只支持 Deflate 算法。其他的算法如 LZMA，虽然压缩率更好，但是由于 Android 平台默认不支持，所以如果采用这种算法压缩 APK，会导致 APK 无法安装。

当然我们可以引入 LZMA 解压算法的库到安装包中，但是这样会使得 App 首次安装初始化的时间变长、解压时需要更多内存。我们在选取压缩方案时，要综合考虑安装包减少的体积、方案的实现复杂度、首次初始化时长、解压时所消耗的内存等因素，在这些因素中取得一个平衡。

正是考虑了上述的因素，我们的项目最终采用 Deflate 算法进行极限压缩。经过测试，用 7zip 设置 Deflate 算法的极限压缩后，我们的 APK 压缩率从原来的约 63.4%（即 Android SDK 默认打包的压缩率）减小到约 56.3%。

3. 结果

通过 7zip 极限压缩，我们的安装包再次减小了大约 400KB，超出了我们当初的瘦身目标，成就感杠杠滴！

6.3 本章小结

本章比较详细的介绍了为什么要进行安装包瘦身，并且结合一个瘦身的实际案例进行了分析。

在瘦身实践中，最重要的就是先摸清现状，并按照我们瘦身的要点一步一步地分析，最终取得一个较好的瘦身效果。

当然，除了上述我们介绍的一些瘦身要点，目前还有一些其他的方法，如插件化、H5 化等。这些方法对代码的改动较大，也需要更多的时间来实现，我们这里就不详细介绍了，大家在实践中可以根据情况来做进一步的迭代开发。

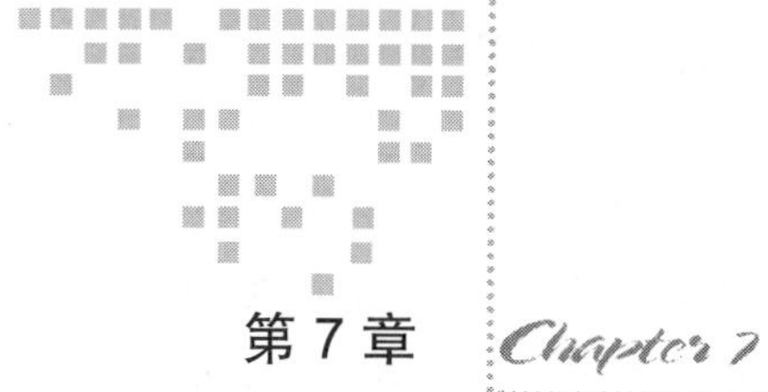

第 7 章 Chapter 7

工欲善其事必先利其器——打造趁手的测试工具 GT

通过前面章节的学习和演练，我们已经积累了比较丰富的测试经验，但在实践时经常发现，市面上很难找到能够满足特定测试需求或提高测试效率的工具来辅助测试活动，所以我们就需要自己动手来实现这样的工具。像 MIG 专项测试团队开发可以公开的工具目前有 APT、GT、PowerStats，不同的工具适用于不同的测试场景、各有不同的使用限制，其中以 GT 的适用性最广。本章将以 GT 为例，先讨论开发测试工具的初心：即“什么时候是开发一个工具的恰当时机？”“我们需要解决什么样的问题？”“我们如何决定工具的形态？”这三个问题，然后对 GT 的基础能力在实际调测活动中起到的作用进行简要的论证。

GT 是 App 的随身调试平台，它是直接运行在手机上的“集成调试环境”（Integrated Debug Test Environment，IDTE）。GT 目前有 Android 和 iOS 两个版本，虽然运行环境不同，不过初心是完全相同的，所以本章以 Android GT（后文以 GT 指代 Android GT）为例进行说明。

7.1 初心

GT最初只是为手机QQ的早期版本提供了一个方便输出日志信息的小窗口，紧接着为了能够方便地对几个函数参数进行微调而免去重新构建打包的麻烦，GT的小窗口上又提供了对运行程序参数修改的入口。后来随着专项测试工作的深入展开，GT实现了方便的对手机/App核心指标进行采集的目标。再后来，GT加强了可扩展性，可以利用GT提供的基础API自行开发有特殊功能的GT插件来帮助解决更加复杂的App调试、测试问题。GT就是这样随着专项测试之路的探索而持续演进的。

7.1.1 选择恰当的时机

一般情况，启动开发GT这样的工具的时机，都是缘起需求产生之时，而且必须是某一个产品出现了痛点测试需求。测试需求成为痛点需求的原因，首先必须是测试需求的关注点本身，预期会产生重大影响或已经产生了重大影响。其次在实现方面，要么是关注的测试点目前不可以测，或在特点的场景下不可测，没有已知的实现方案；要么是现有工具使用不便，人力成本或时间成本高；要么是现有实现方案不够稳定，维护成本高。在这个时候，我们启动解决这个痛点测试需求的项目，并加以快速实现，这样就等于挖到了第一桶金，后续以这个项目的方案为基础扩展开发能够解决类似问题的工具，就容易得到更多的支持，形成良性循环。

以GT为例，早期版本的手机QQ遇到了在网速时高时低或网络链接时断时续的环境下，发送图片成功率低的困扰。为找到提高成功率的算法，开发人员不断地调整算法的参数，测试人员一次次地拿着更新了算法参数的构建包去产生问题的环境下实地测试。可想而知，对测试人员来说，这必然是个痛苦而煎熬的过程，进而也造成产品研发活动本身效率低下。此时到了解决参数调测低效问题的恰当时机了，对于本案的网络适应算法来说，算法的骨架是固化的，不需要改动，每次调测调整的都是有限的几个参数，那么，如果我们在产品中插桩，并提供简单的UI交互界面，让测试人员在外面测试的时候能够动态地调整那几个参数，那么测试人员出门一次就可以同时采集多组参数组合下的数据，不就提高了研发效率了嘛。不要惊奇，现在的 GT 就是以解决这一个产品的调试网络适应算法参数这个小却有价值的痛点需求为契机，逐渐扩展演进出来的。再后来，LBS 类产品开始风行，LBS 类产品使用场景主要是在户外、在路上。这个时期 GT 提出了“场测”的概念，仅凭一部手机，无需连接电脑，即可对 App 进行快速的性能测试、开发日志的查看、Crash 日志查看、网络数据包的抓取、App 内部参数的调试、真机代码耗时统计等。通过使用 GT，使外勤测试、调试人员的工作环境有了很大的改善，GT 基于此在业界迅速有了良好的口碑。

简单的说就是，以人为本，以产品痛点为契机，以价值导向为依归。

7.1.2　需要解决的问题

并非所有的痛点需求都能够成为打造一款工具产品的契机，并非有价值的点就一定适合演进为工具产品。在做决定之前，我们需要想清楚出要做的工具产品能够解决什么样的问题。

想把针对单个产品特定需求点的项目扩展成工具产品，当然需要具有一定的普适性，越具有普适性，工具的市场潜力越大。以 GT 为例，最初面向的是提高手机 QQ 网络适应算法调测效率这一需求，网络适应算法在手机 App 中是普遍存在的算法，除了大公司的私有实现，开源社区中也不乏优秀的实现。而 GT 提供的现场调测参数的方案，既然对手机 QQ 有效，当然也对其他 App 有效。而调测参数的能力，在产品的算法调试中又具有普适性。所以我们确定参数调测这一个需求点就有做成工具的资质，并且值得做。在此基础上，可以结合云平台扩展出远程调试、云调试等实现，就是锦上添花，视人力情况和技术储备，决定做不做，何时做即可。

GT 后续版本又实现了一系列的辅助专项测试的功能，包括展示和记录产品实时输出的信息；无侵入的获取 App 的 CPU/ 时间片 / 内存 / 流量 / 流畅度等基本性能指标；输出手机的 CPU/ 内存 /FPS/ 信号值 / 电量等性能指标；查看和保存 Logcat ；集成 tcpdump 进行抓包；模拟 GPS 记录 / 回放用户的运动轨迹等能力。这些功能，都具有普适性，且来自实际的测试需求，自带原始价值光环，那为什么我们还开发了 APT、PowerStats 等不同的工具呢？这是因为不同的工具适用场景不同。

7.1.3 决定工具的形态

我们知道，以目前的技术能力不可能用一个工具产品解决所有的问题。我们开发工具的目标可以是只解决一类特定问题；也可以是让一个工具能够解决同一测试环境或场景下的尽可能多的问题；也可以是让一个工具解决特定环节下的问题（比如调试环节、测试环节、运维环节）。目标的范围不同，决定了工具的形态也不同。

比如 GT，其指导目标是在现场环境下，只用一台手机完成测试数据的采集任务，那么它的形态就是以手机上的独立 App 为载体，能够完成展示、采集、控制测试数据的任务；同时，对于最初的调试参数和输出 App 自定义信息的任务，GT 还提供了嵌入目标 App 的 SDK，用以帮助目标 App 和 GT 进行进程间的沟通。

另外有些运维环节的需求，往往需要对大量的数据进行分析（如能够分析 crash 的 Bugly），这样的任务不是单机的工具能完成的，需要有一个庞大的服务端支持。

形态决定了工具的延展性和使用约束，综合决定了工具的潜力，进而决定了工具的投入成本。

7.2 在实践中发挥作用

作为一个工具产品，受成本所限，往往无需追求绚丽的视觉效果，但也应该力求设计小而美的交互，功能简洁不失健壮，一切以务实为核心原则。对于前面章节提到的内存、流量、电量、流畅度等关注的问题，GT 都选择了基本的核心指标进行采集来支持，如图 7-1 所示。下面我们来看一下 GT 选择的指标如何在实际测试中发挥作用的。

7.2.1 CPU

我们先来看看 CPU 这一个前面没有独立章节却又是最常见的性能指标，其实 CPU 也是最容易被误用的指标。通常大家所说的 CPU 指的是 CPU 使用率。直观地看，CPU 高会导致手机更耗电，一般大家对 CPU 的了解也仅限于此。

我们再深入一点认识 CPU 这个指标，以常规的针对一个 Android App 进行测试为例，除了手机整机的 CPU 数据，测试人员也要关注被测 App 的 CPU 使用率。

而作为测试人员，我们还要考虑手机环境是否稳定可用：如手机是否有会影响测试结果的其他运行在后台的应用；手机和 App 的 CPU 数值输出是否正确等。所以我们需要连续观察一段时间以确认整机和 App 的 CPU 波动是否合理，整机和 App 的 CPU 比例是否合理等。

图 7-1　GT 在“参数”页观测 App 的 CPU、内存、流量等指标

除了基本的测试目标和测试环境因素，还有以下三个影响 CPU 的因素需要了解：

- 变频。因为考虑到省电，避免发热等因素，市面上主流 Android 手机系统的 CPU 都是设计成可变频，且变频的方式大部分是即时反应的。
- 多核。目前市面上主流的 Android 机都是多核的，一般是 4 核或 8 核，在 8 核处理器中，大部分是 4 个核心频率峰值较高，另外 4 个核心峰值较低。在无大量运算或多线程场景下，手机 CPU 可以维持单核心低频运行。
- 计算 CPU 使用率的分母，影响其变化的因素非常复杂，包括系统和所有其他 App 的消耗，不可控。

- 多进程。目前市面上很多应用都拆分成了多个进程运行，而 Android 基于 Linux 的系统，其包括 CPU 的大部分统计数据是以单个进程为单元进行统计的。对同时拥有多个进程的单个 App 要注意选对我们真正关注的进程。

这些因素对通过 CPU 指标进行测试的影响很大，会造成在同一个手机上，观察同一个 App 同一个测试场景的 CPU 消耗，其 CPU 数值变化基本无规律（简单地看这段时间的平均值，或比较两条 CPU 数值变化的折线图）。

另外，Android 4.4 系统之前的多核手机，其计算 CPU 的数据源有问题，经常在高频运行时，计算 CPU 使用率的分母产生超长位数的大值，然后在之后的计算中又会立即出现一个超长位数的负数进行弥补，这样会导致即时计算出的 CPU 百分比经常出现连续 0，超过 100% 的大数值，负值等错误数据。

基于上面的情况，我们会认识到 CPU 使用率，其只适合定性的观察调试，不适合定量的统计数据。即我们可以说“被测 App 在 4 核手机上退到后台后还持续占用 CPU 资源 25% 以上，怀疑其有线程在做无内容的循环逻辑”，而不能说“被测 App 连续运行 A 场景 20 分钟，平均 CPU 使用率是 14%，比上个版本的 17% 优化了 3%”。但是 CPU 使用率毕竟反映了 App 的逻辑运算复杂度和资源消耗，那我们应该如何定量的衡量 App 对 CPU 的使用情况呢？那就是使用 CPU 时间片 Jiffies。

7.2.2 Jiffies

这里需要先补习一下基本知识。首先需要知道，在 Linux 系统下，CPU 利用率分为用户态、系统态、空闲态，分别表示 CPU 处于用户态执行的时间，系统内核执行的时间，和空闲系统进程执行的时间。

一个 App 的 CPU 使用率计算公式如下：

CPU 使用率 = CPU 执行非系统空闲进程的时间 /CPU 总的执行时间

接下来我们来看看这个时间究竟是什么？

HZ：Linux 核心每隔固定周期会发出 timer interrupt (IRQ 0)，HZ 是用来定义每一秒有几次 timer interrupts。例如 HZ 为 1000，就代表每秒有 1000 次 timer interrupts。

Tick：Tick 是 HZ 的倒数，Tick = 1/HZ 。即 timer interrupt 每发生一次中断的

时间。如 HZ 为 200 时，tick 为 5 毫秒 (millisecond)。

Jiffies ：Jiffies 为 Linux 核心变数，是一个 unsigned long 类型的变量，它被用来记录系统自开机以来，已经过了多少个 tick。每发生一次 timer interrupt，Jiffies 变数会被加 1.

所以我们可以得出，一个 App 的 CPU 利用率计算公式也就是：

CPU 使用率 =App 用户态 Jiffies + App 系统态 Jiffies / 手机总 Jiffies

那么一个 App 在完成一件事（后文称这件事为一次测试事务）的 CPU 绝对消耗，其实可以用在完成这件事期间的 Jiffies（App 用户态 Jiffies + App 系统态 Jiffies）增量衡量，并不需要转换成 CPU 的使用率。

通过 Jiffies 的定义并结合实测发现，Jiffies 相比 CPU 使用率具有如下优点：

- 完成一次测试事务需要消耗的 Jiffies 基本是稳定的，不会因为 CPU 频率的变化而像 CPU 使用率那样没规律。这就表示用 Jiffies 可以定量的衡量 App 对 CPU 的使用情况。
- Android4.x 手机上计算 CPU 使用率的分母——总 Jiffies 不稳定，有极大值和负数值出现，但作为分子的 App 的 Jiffies 是稳定的，所以 Jiffies 在 Android4.x 的手机上也可以使用。
- 除了可以在完成一次测试事务的前后计算 Jiffies 的增量，还可以对比两次测试事务过程中按时间变化的 Jiffies 曲线，给我们观察测试事务过程中 CPU 资源变化提供了一种可能。

GT 中提供了整机 CPU 的数据、App 的 CPU 数据、App 的 Jiffies 数据的间隔输出展示，在测试中往往可以通过这几个数据的综合对比，发现潜在的性能问题。详细使用方法请参考 gt.qq.com 网站中的快速入门手册。

7.2.3　电量

前面章节介绍过 Android 手机电量测试的方法，通过电流计的方式精度高，适配性广，但是环境搭建复杂，除了手机还有电流计、PC 这样的拖油瓶，成本高；通过 PowerStats（GT 早期版本有个对传感器耗电监控的插件，现在已合并到 PowerStats 中）的方式，细化了单个 App 耗电的因素，更有利于指导实施性能优化工作，但是需要将 PowerStats 内置成系统应用，适配性较差；通过 GT 提供的获取电流的方式最简易，其原理是读手机电源模块的输出，大部分手机都支持，但是其准确度又取决于手机环境。各位读者可以根据自己的实际需求选取不同的测试方案，但在实际的访谈中发现，初期接触电量测试的朋友，很多都存在知道电量需要测试，但是没有测试标准，不知道该测到什么程度，选择何种测试方案，如何分析测试数据进而指导解决实际问题的困惑。本节后面部分将尝试对这一困惑进行解答。

为什么大量用户反馈说，装上我的 App 手机耗电变多了，而且是 App 在后台的时候？对于这个问题，我们第一反应是，真的是我们的 App 特别耗电吗？我们会联系友善的用户提供线索，获取用户的机型和系统信息，获取用户对我们 App 的使用方式及使用频率，获取用户手机上的 App 耗电排行等。经过一番确认，确实是我们的 App 造成用户手机异常多的耗电，那么下一步就是在测试环境上复现问题了。简单的方案是，使用 GT 的耗电数据采集插件，在目标场景下持续采集电流值一段时间，和手机静态场景下采集一段时间的电流平均值进行比较，这样就能量化评估出我们的 App 究竟多耗了多少电。如果对电流平均值不理解，用手机电池的容量（比如 2800mAh）与电流平均值做除法，得出的即手机在目标场景下的可持续时间。分母电池容量是不变的，那么平均电流本身就可以作为耗电大小的评判指标。

使用一个服务，当然要比不使用多付出一些代价。我们的 App 对手机造成的耗电量在合理范围吗？对于这个问题，找个有同样使用场景的类似产品（竞品），比较一下就知道了。

即便竞品的同样场景一样的耗电，我们是否可以对其进行优化从而在性能上优于对手。在优化之前，如何知道 App 耗电的根因？这种情况就不能只依靠平均电流数据了。此时可以选择 PowerStats 方案，因为 PowerStats 方案将耗电的因素细化到了 CPU、网络、传感器等在代码中实际可把控的程度，我们就可以有针对性的对 App 进行优化了。

新拿到一台 Nexus 5X 手机，其搭载的 Android Sensor Hub 协处理器技术相比以往有多省电？想宏观地了解协处理器的耗电情况，只能用电流计的方式，原因是协处理器的核心工作场景是在手机休眠的情况下，它可以做到不唤醒主处理器的情况下低功耗的做一些监测追踪。而 GT 和 PowerStats 都是依赖 CPU 对手机的非休眠状态进行数据采集，无法在手机休眠状态下使用。所以说，协处理器的基本电量测试的对比场景应该是使协处理器开关两个大场景下，相同的子场景进行对比。

实际上，想要得到一个测试场景电量消耗（通常是平均电量）的准确值，电流计的方案是最准确和通用的，但是相比电流计的方案为什么大部分情况下我们首选GT的简单方案？因为大部分情况下想要得到一个测试场景电量消耗的准确值根本是一个伪需求，我们需求的其实是我们的App为什么在手机的耗电排行上名列前茅，我们的App为什么相对竞品耗电量高50%。看出来了吧，我们其实是需要一个相对的指标，只要GT的输出电流值能够足够稳定的比较出耗电的差异，那么使用GT就足够了。所以，很重要的一点，测试前首先要弄清楚我们真正的需求是什么。

7.2.4 流畅度和FPS

除了可以采集常规的FPS数据，经过工程师的努力GT还实现了对单个App流畅度的采集。FPS数据是整机的实际刷新率，画面如果静止，FPS就是0，但是我们不能说此时手机卡，这就说明了FPS并不是一个衡量手机或应用是否流畅的直接指标。所以我们引出了流畅度（SM）的概念：计算每秒的绘制能力。比如SM每秒为60，代表有绘制60帧的能力，但是不一定App这时需要绘制60帧，如空闲的时候，可能App的FPS是接近于0，但是SM是60。注意流畅度是针对一个进程的数据，而一个App往往只有一个进程运行在前台，所以选准了目标App的前台进程，即可代表一个App的流畅度。

我们对流畅度的评估给出的是个分数，这个分数的高低应该是和人的感知一致的，这样每次调试就不需要靠人眼来评估了。卡顿区间和流畅区间是5s合并统计1次，5s内出现一次流畅度值低于40就给卡顿区间记录一个5，如果5s内全部高于40，就给流畅区间记录一个5。分数就是通过最低流畅度、卡顿区间、流畅区间综合打出的，分数算法的原则是尽量贴近人的感知，如图7-2所示。

关于流畅度测试在第3章介绍得比较详细，这里就不展开了。

7.2.5 内存

第1章中对内存相关的介绍比较详尽复杂，不过通常的测试只需对内存进行最简单的监控，即实时观察 PSS 或 Private Dirty 值的变化趋势即可，GT 中即提供了这两个指标的采集。GT 采用的是采集数据对目标进程无影响的方式，不会造成目标进程的内存波动。我们在选择测试数据抓取方案时，应尽量选择对目标无影响的方案。

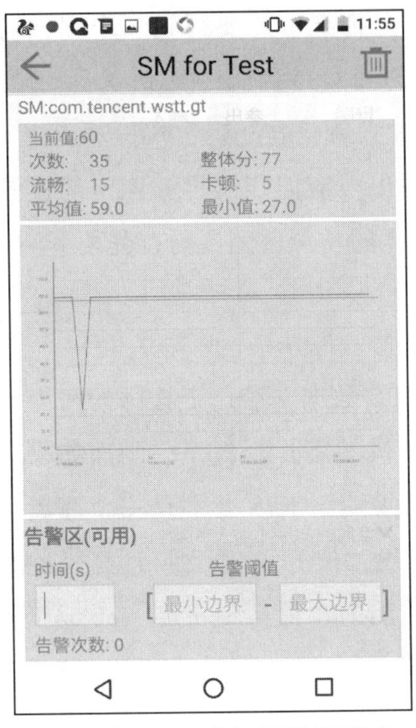

图 7-2 流畅度指标的详情页面

7.2.6 流量

第 5 章中详细介绍了有关流量的测试，包括直接通过手机接口获取 App 消耗的 TCP 流量，或者通过抓包详细的分析流量情况。GT 也内置了对以上两种流量测试方案的支持。

本节补充一下流量数据的另外一种作用：分析网络流量对耗电的影响。我们已经知道，不论是 WiFi 网络下，还是无线蜂窝网络，大体趋势上流量的消耗与耗电成正比，那么减少流量的使用自然就会减少电量的消耗，所以第 5 章介绍的四个优化流量消耗的法则，本身对减少电量的消耗都是有效的。

我们还需要知道，发起网络请求与接收返回数据都会让网络硬件模块保持在激活状态，这是一个很耗电的状态。并且一旦网络硬件模块被激活，还会继续保持几十秒的激活态电量消耗，直到没有新的网络操作行为之后，才会进入休眠状态（WiFi 网络和无线蜂窝网络耗电趋势相似，不过无线蜂窝网络模块激活态要比 WiFi 网络模块消耗的电量更多）。这样一来，发生网络活动的频率对电量消耗的影响值得关注了，比如无线蜂窝网络下每隔 10s 请求一次，每次得到 10KB 数据，那么 10 次请求共得到 100KB 的数据量，消耗 100 秒以上的时间，无线蜂窝网络处于连续的激活态 100 秒以上；而一次性批量请求这 100KB 的数据，无线蜂窝网络激活一次后就可以休眠了。第一种频繁的间隔请求的情况，电量的消耗会比以一次批量请求大很多。了解了上述的原理，那么接下来寻找频繁的间隔就是一件重要的事情了，此时又可以用 GT 了。

GT 对 App 流量采集规则是，每隔 1 ~ 2s 检测一次，如果有流量变化（发出请求或收到响应数据），则记录一次数据，如果没有流量变化则不记录。而 GT 的每个出参数据都有记录输出的时间，这样在 GT 输出的流量数据曲线上，就很容易看出频繁的间隔流量变化了。之后就是通过具体分析流量变化的原因，尝试将频繁的间隔流量变化进行优化，比如批量发请求、预先请求后面会用到的数据、缓存会重复使用的请求数据等。

7.3 工具的获取

本章介绍的 GT 和另一个工具 APT 已经在 GitHub 上开源了：

https://github.com/TencentOpen/GT

GT 未来会继续面向专项测试和开发调试两个目标进行探索和迭代开发。

7.4 GT 使用

本节主要对 GT 使用场景做一下介绍，并介绍使用技巧。

7.4.1 GT 在场测中

在 LBS 产品测试中场测通常也叫做路测，大体上都指的是去真实产品的使用环境现场进行测试或调试。目前大部分同学一开始都是因为有场测的需求才使用 GT，往往最先使用的又是最基本的性能指标测试，那么首先就需要熟悉 GT 中有哪些基本性能指标。如图 7-3 所示，测试目标是一个 App 的场景，首先要在 AUT 页选择关注的 App，然后选择要关注的性能指标。

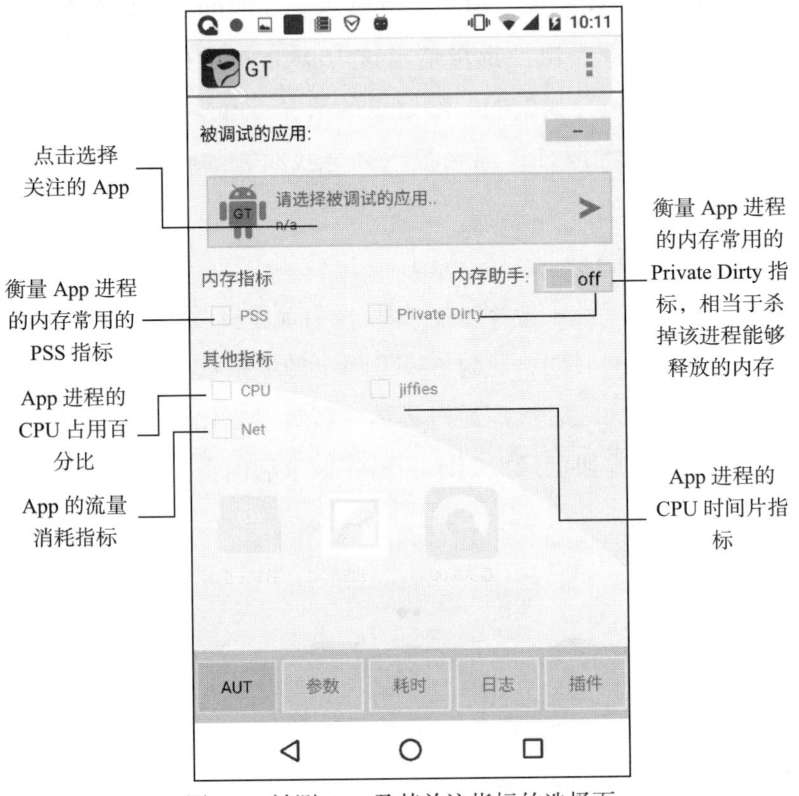

图 7-3 被测 App 及其关注指标的选择页

选定关注的指标后，如果目标 App 尚未启动（注意图 7-4 左图的状态是黄色的“启动”，右图中已启动是绿色的“running”），则要先点击“启动”启动目标 App，或通过其他方式启动目标 App。

只有在目标 App 启动后，才会在输出参数页看到之前选中的关注指标，如图 7-5 所示。

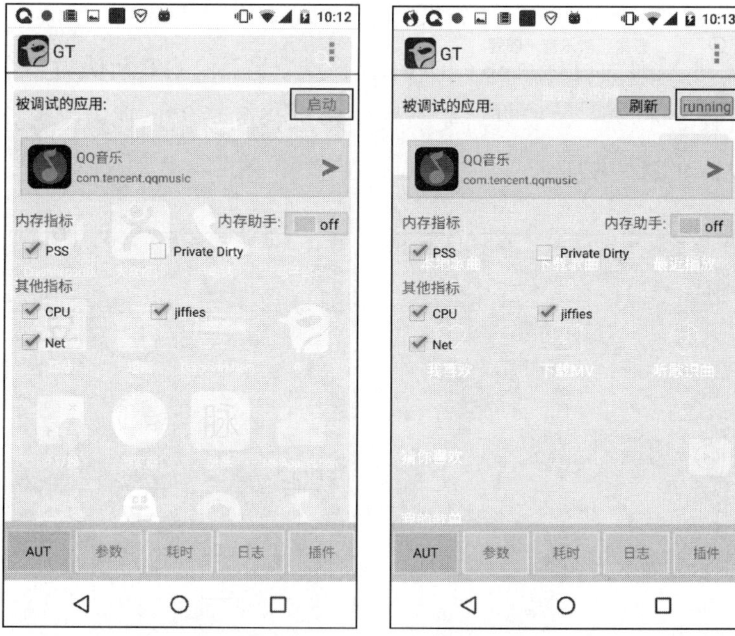

图 7-4　注意被测 App 的状态是否是“running”

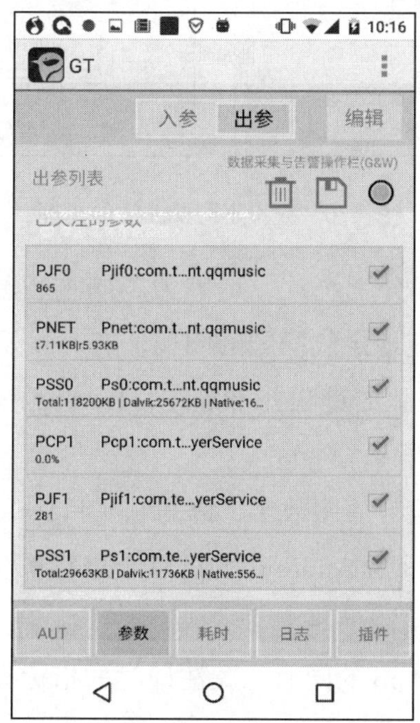

图 7-5　已启动的被测 App 在“参数”页会展示其关注的指标

仔细看图 7-5，会发现同一个指标会出现多个，只是后缀数字不同，比如 PSS0、PSS1，那是因为目标 App 同时启动了多个进程，GT 默认对多个进程都进行采集，注意进程名不同。如果只需要采集特定进程的数据，那就把多余的指标都拉到不关注栏位，如图 7-6 所示。

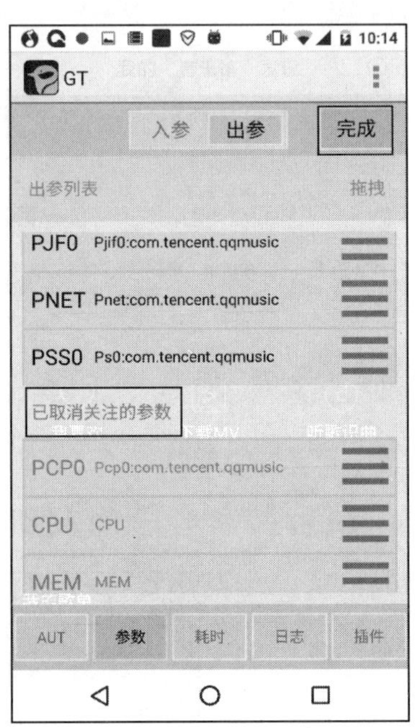

图 7-6 编辑不需要关注的指标

GT 之所以把各个进程分别统计，是因为不同进程往往也是各自独立的模块，发现问题后有助于简单快速地定位问题的归属。有时候发现需要关注的进程并没被 GT 侦测到，通常是因为关注的进程并不是在目标 App 一开始就启动的，此时请在 GT 中刷新一下，如图 7-7 所示。

注意 PNET 这个指标没有后缀数字，因为它是目标 App 的流量统计，它不区分进程。之所以这么设计是因为 Android 手机对于进程的流量统计不是我们想要的，以 App 为单元进行统计更实用一些。

如果需要在操作目标 App 的同时，关注即时的指标数据变化，可以将关注的指标拖动到悬浮窗展示的参数栏位，如图 7-8 所示。

图 7-7　刷新被测 App 的状态

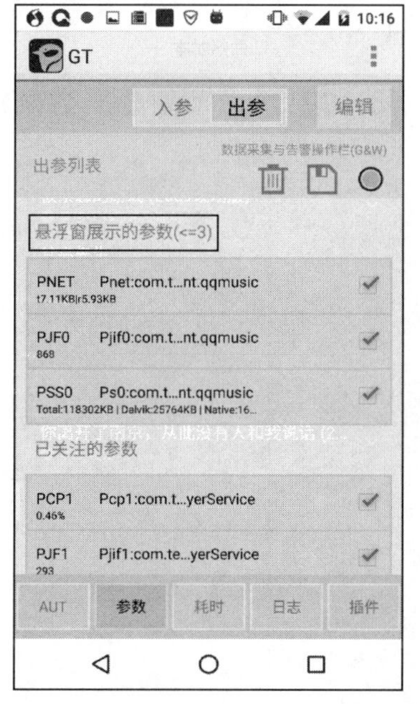

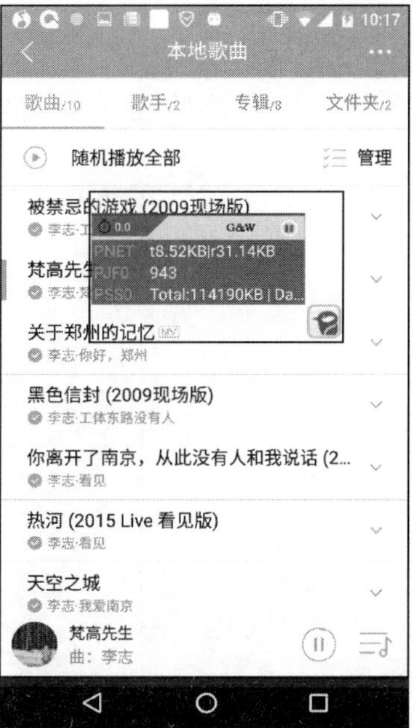

图 7-8　设置在悬浮窗展示的参数

请在正式开始测试的同时启动记录数据，在结束测试的时候停止记录数据，停止记录后才可以保存数据，保存数据可以选择只保存在本地或上传云端，如图 7-9 所示。

图 7-9 数据的记录、保存

别忘了下一个场景开始测试前清空之前的数据，以免造成数据混淆，如图 7-10 示。

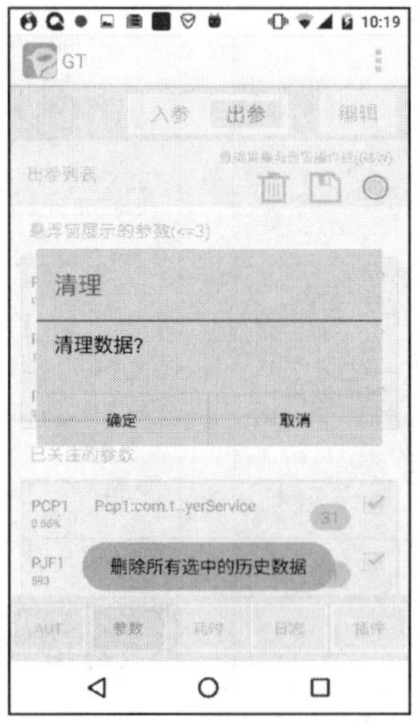

图 7-10 数据的清理

单击“出参”页的各指标项，都会进入各指标的详情页面，如图 7-11 示。

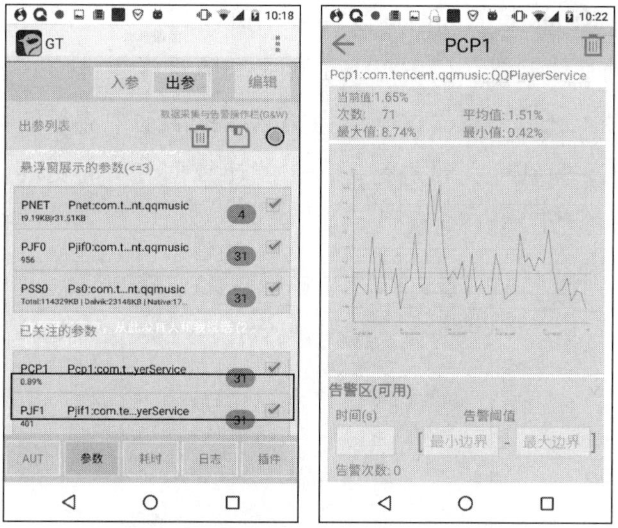

图 7-11　单击各行指标可以进入其详情页

在所有的出参中，PSS、Private Dirty、PNET（还包括代表整机指标的 MEM、NET）的详情信息是多维曲线，其他出参是一维曲线，以多维曲线的 PNET 为例，因为 PNET 数据本身还可以细分为上行流量部分和下行流量部分，所以从实用的角度，在详情页面也将上下行流量区别展示，如图 7-12 所示。

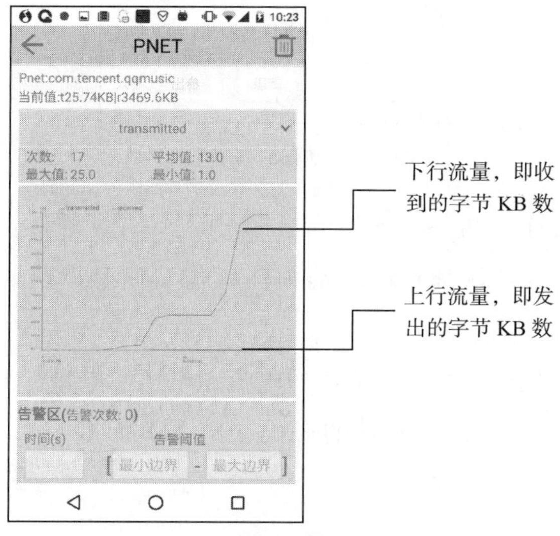

图 7-12　被测 App 流量的详情页

大部分输出参数都是间隔时间采样瞬时值，如 CPU、PSS 等，只有 Jiffies、PNET/NET 不同。Jiffies 是间隔时间采样累积值，因为它测试活动中用法是比较多次采样的曲线变化整体趋势。PNET/NET 也是间隔采样累计值，但只在相邻两次采样数据发生变化时才进行记录，这是因为实际测试活动中流量的发生并不是随着时间线性均匀变化的，只在变化时进行记录，能让数据分析时更高效。PNET/NET 参考图 7-12，Jiffies 参考图 7-13 示。

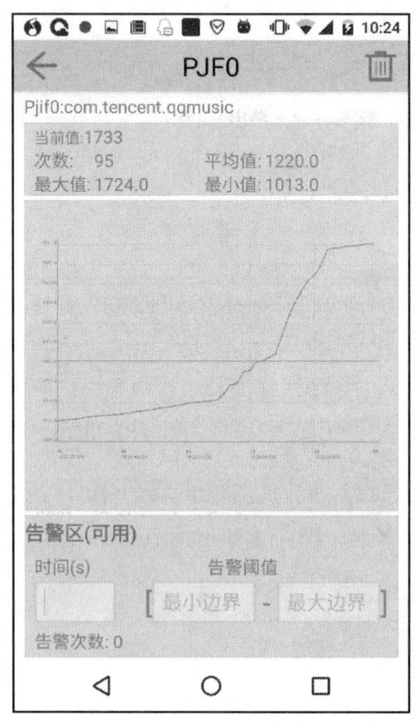

图 7-13 Jiffies 的详情页

在参数页还有几个手机整机的性能指标，除了 CPU 默认在已关注栏位，其他的 MEM/NET/SIG/FPS 默认都在已取消关注栏位。注意，获取 FPS 数据需要 root 授权。如图 7-14 示。

除了上述指标，耗电数据采集插件的电流、电压、电量、温度、流畅度调试插件的流畅度指标也都会以输出参数的形式在出参页面展示，如图 7-15 和图 7-16 所示。

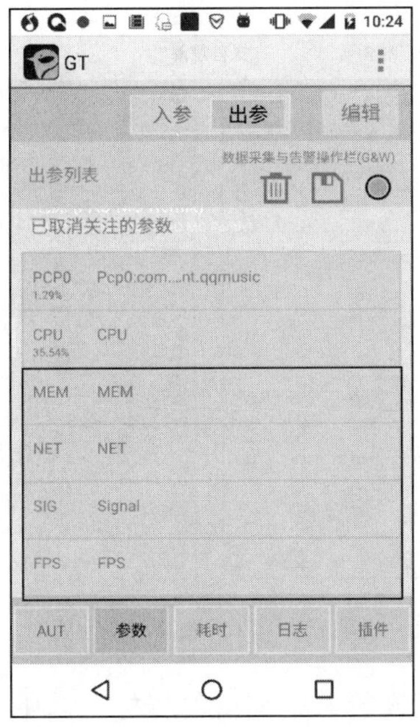

图 7-14　手机整机指标默认在“已取消关注的参数”栏

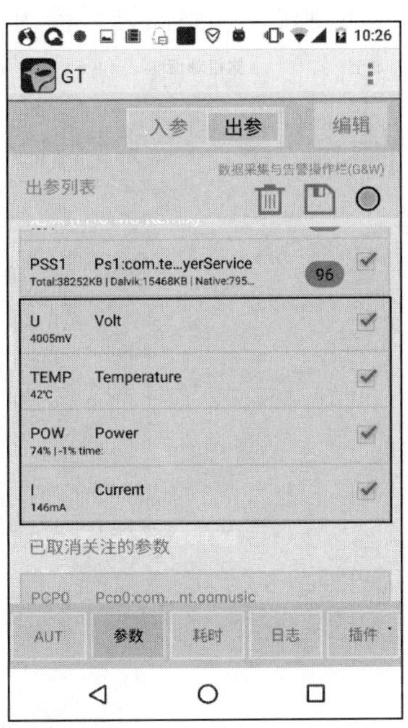

图 7-15　“耗电数据采集”插件的输出数据也在“参数页”展示

图 7-16 “流畅度调试”插件的输出数据也在“参数页”展示

电流、电压、电量、温度数据是整机的指标，其中主要使用的是电流指标，详见 7.2 节。

电量指标还会在日志界面进行输出，正常的电池在正常的使用情况下其电量指标都是一点点的下降，所以我们测试的时候关注点可以是电量每下降 1% 花费的时间。电量变化也会在 GT 的 Log 页面输出，如图 7-17 示。

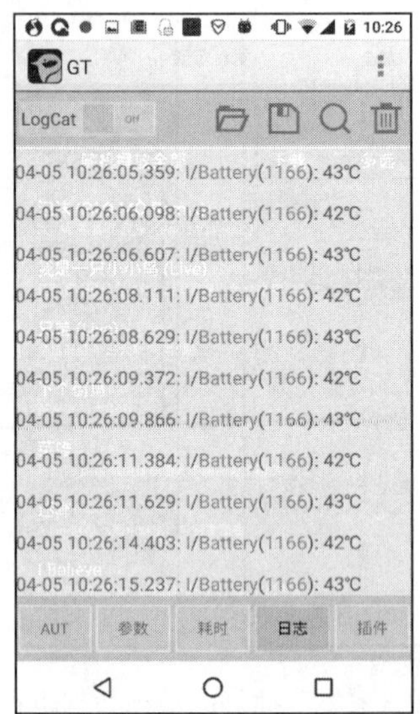

图 7-17 电量变化会在“日志”页输出

GT 插件中的其他功能，包括 Tcpdump 抓包、内存填充、月光宝盒等，请参照各页面中的说明尝试即可，如图 7-18 示。

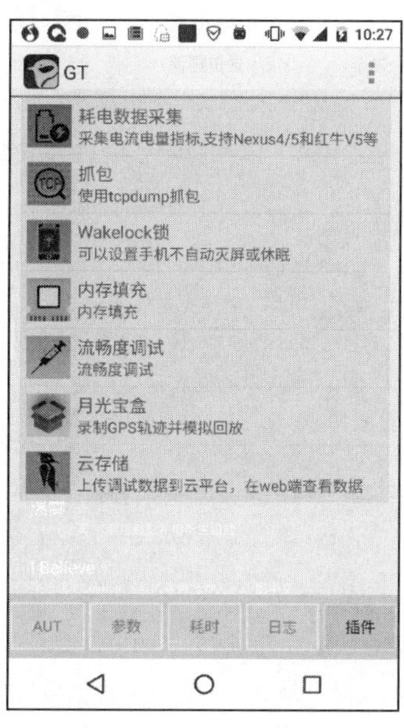

图 7-18　GT 的插件页

7.4.2　GT 在自动化测试中

由于 GT 定义的输出参数形式输出的灵活性和可用性较高，很多使用人员都希望能在自动化测试中，通过自动化脚本控制 GT 对性能指标数据进行采集和输出保存，以备后续环节分析使用。为此 GT 提供了广播的驱动和 SDK 驱动的方式，且根据大家的需求在不断完善中。

广播驱动 GT 采集指标的方式请参考：

http://gt.qq.com/docs/a/UseGtWithBroadcast.txt

SDK 驱动方式请参考：http://gt.qq.com/docs/ 页面的 API Reference 文档。

除此之外，我们还从 GT 中精简剥离出了 GTTools 工具包。GTTools 工具包由多个独立的模块组成，目前的主要用途是提供给基于 AndroidJUnit 的测试脚本采集和监控性能指标。

GTTools 已在 Github 上开源，详情请访问：https://github.com/r551/GTTools

GTTools 使用样例：

```
/**
 * 利用出参的阈值能力对超过 10% 的 CPU 进行告警
 */
@Test
public void testCPUWithOutParamThreshold() throws InterruptedException
{
    // 创建用于监控 CPU 指标的对象
    final DoubleOutParam cpuOutParam = new DoubleOutParam(null, "CPU");
    cpuOutParam.setRecord(true); // 启动记录
    cpuOutParam.setMonitor(true); // 启动告警监控
    /*
     * 设置 CPU 超出 10 的告警阈值
     */
    cpuOutParam.addThresholdListener(new DoubleThresholdListener<AbsOutParam
        <Double>>(10.0d, 1, null, 0, null, 0) {
        @Override
        public void onHigherThan(AbsOutParam<Double> src, Double data,
            IGTComparator<Double> c) {
            // 当 CPU 超过 10 时，触发该回调，输出下面的信息到控制台
            System.out.println("CPU higher than "+ c.getTarget() + ":" + data);
        }

        @Override
        public void onLowerThan(AbsOutParam<Double> src, Double data,
            IGTComparator<Double> c) {

        }

        @Override
        public void onEquals(AbsOutParam<Double> src, Double data,
            IGTComparator<Double> c) {

        }
    });

    /*
     * 初始化 CPU 数据采集任务，监听中使用前面创建的 cpuOutParam 对象对 CPU 数据进行监控
     * 进程号填 0，关注的即整机的 CPU
     */
    CPUTimerTask task = new CPUTimerTask(0, 1000,
            new DataRefreshListener<Double>(){
```

```
                @Override
                public void onRefresh(long time, Double data) {
                    cpuOutParam.setValue(time, Double.valueOf(data));
                    System.out.println("CPU:" + data);
                }},null);

        // 启动定时任务，注意因为任务本身有1000ms的时间间隔，所以定时任务的间隔填最小的1ms
        // CPU指标的采集之所以如此设计，是为了和其他指标采集方式保持一致
        Timer timer = new Timer();
        timer.schedule(task, 0, 1);
        Thread.sleep(10000);

        // 打印此时已记录的CPU历史数据
        for (TimeBean<Double> timeBean : cpuOutParam.getRecordList())
        {
            System.out.println("CPU:" + timeBean.data + " Time:" + timeBean.time);
        }
    }
```

7.5 本章小结

本章讨论了为什么有时需要自己动手写测试工具，并以GT为例，从时机、解决的问题、形态这三个方面介绍了工具发起到实现的过程。

通过了解GT在测试活动中能够产生的价值，我们大致上可以看到自研工具在需求上如何取舍，如何演进，如何针对不同的使用场景扩展对应的实现。

推荐阅读

Android
程序设计
O'REILLY

Android
应用开发攻略
O'REILLY

Android
驱动开发权威指南

Android应用测试
与调试实战

深入理解Android网络编程
技术详解与最佳实践

精彩绝伦的Android UI设计
响应式用户界面与设计模式

Android和PHP
开发最佳实践

OpenGL ES应用开发
实践指南
Android卷

打造高质量Android应用
Android开发必知的50个诀窍